Couverture inférieure manquante

LAMARCK

ET

SON ŒUVRE

PAR

ÉMILE CORRA

(*Extrait de la* Revue Positiviste Internationale)

Prix : 0 fr. 75

PARIS

Au Siège de la Société Positiviste Internationale

2, rue Antoine-Dubois, 2

Près l'École de Médecine.

—

1908

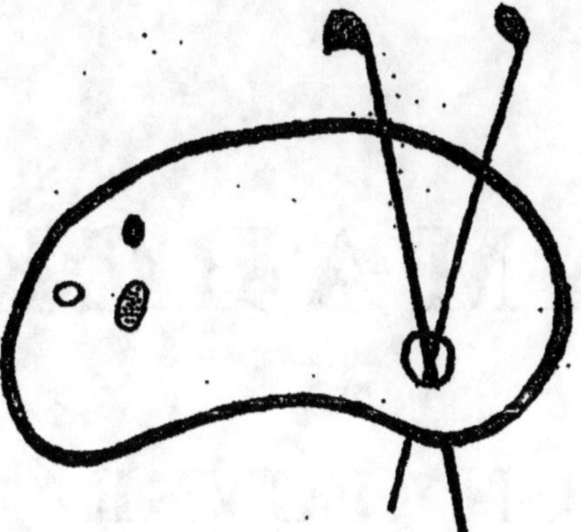

FIN D'UNE SERIE DE DOCUMENTS
EN COULEUR

LAMARCK

ET

SON ŒUVRE

PAR

ÉMILE CORRA

———

(*Extrait de la* Revue Positiviste Internationale

———

PARIS

Au Siège de la Société Positiviste Internationale

2, rue Antoine-Dubois, 2

Près l'École de Médecine.

—

1908

LAMARCK

ET SON ŒUVRE

Le Muséum d'histoire naturelle de Paris inaugurera, dans le mois de novembre prochain, le monument élevé, par souscription universelle, à la mémoire de Lamarck, sur l'initiative de M. Edmond Perrier, l'illustre directeur de cet établissement, un de ses plus fervents disciples actuels.

L'une des premières, la *Société positiviste internationale* a souscrit à ce monument ; elle ne manquera pas de se faire représenter à son érection ; mais elle témoignerait bien faiblement son admiration pour le grand homme qui en est l'objet et dont les idées géniales exercent une si féconde influence sur tous les aspects de la pensée contemporaine, en se bornant à la manifester sous la double forme que je viens d'indiquer.

C'est pourquoi j'ai le dessein d'associer plus catégoriquement le Positivisme à la glorification tardive de Lamarck, en consacrant à son œuvre grandiose une étude spéciale, à laquelle je préluderai en donnant, sur sa personne et sur sa vie, quelques renseignements indispensables.

I

La Vie de Lamarck.

Lamarck naquit en Picardie, à Bazentin, près de Péronne, en août 1744. C'était le onzième enfant d'un gentilhomme campagnard, fort embarrassé d'assurer une carrière honorable à chacun des membres de sa nombreuse lignée, et qui fit élever celui-ci chez les Jésuites d'Amiens, dans l'espoir qu'il consentirait à embrasser l'état ecclésiastique, dernière ressource de tous les cadets de famille de cette époque ; mais Lamarck n'avait aucun goût pour la cléricature. Son père étant mort, en 1760, il s'affranchit sur-le-champ du collège, et, sans autre viatique qu'une lettre de recommandation pour le colonel du régiment de Beaujolais, que lui avait remise une châtelaine, voisine de la seigneurie de Bazentin, il rejoignit, en Hanovre, l'armée du maréchal de Broglie, qui opérait alors, dans ce pays, contre le roi de Prusse, Frédéric II.

Le colonel du régiment de Beaujolais hésitait beaucoup, paraît-il, à incorporer cet enfant de seize ans, d'une constitution chétive qui lui donnait une apparence plus juvénile encore ; mais, dans une bataille, consécutive à l'arrivée de Lamarck à l'armée, le 16 juillet 1761, ce soldat volontaire se conduisit avec une bravoure et une fermeté telles qu'on le promut immédiatement officier.

Lamarck était, en effet, doué de qualités de caractère exceptionnelles ; celles dont il fit preuve, en cette occurrence, le distinguèrent pendant toute la durée de sa vie ; elles ne l'abandonnèrent même pas dans la plus extrême vieillesse, et ne furent pas étrangères aux résultats de ses longues et difficiles études scientifiques.

Quand la guerre de sept ans fut terminée, Lamarck, devenu lieutenant, alla tenir garnison à Toulon, puis à Monaco. La végétation spéciale de la contrée excita vivement sa curiosité scientifique, naissante ; des idées nouvelles s'éveillèrent dans son esprit et il ne tarda pas à reconnaître qu'il avait, pour l'état militaire, aussi peu de vocation réelle que pour les fonctions ecclésiastiques.

Aussi, souffrant d'une adénite cervicale et forcé de venir à Paris, où il fut opéré avec succès par Tenon, l'une des célébrités chirurgicales de l'époque, renonça-t-il, sans regrets, à la carrière des armes, bien que cette décision le réduisit à une pension alimentaire de 400 livres pour toutes ressources annuelles.

Il pourvut à ses besoins matériels les plus impérieux en acceptant un emploi chez un banquier et, logé dans une mansarde, «beaucoup plus haut qu'il n'aurait voulu», disait-il, il donna, dès lors, libre cours à ses goûts scientifiques, en faisant des observations météorologiques, en lisant, avec avidité, les travaux de Buffon, en visitant les collections du Jardin du Roi, en suivant les herborisations et les cours de Bernard de Jussieu, en étudiant la médecine.

Cet ensemble de premiers travaux eut pour fruits un mémoire sur les vapeurs de l'atmosphère, favorablement accueilli par l'Académie des Sciences, et *La Flore française, description succincte de toutes les plantes qui croissent naturellement en France, disposée suivant une nouvelle méthode d'analyse,* que Lamarck composa, en six mois, après dix ans d'observations attentives et de méditations prolongées.

Cet important ouvrage, publié en 1778, sortit brusquement Lamarck de l'obscurité et lui ouvrit, l'année suivante, les portes de la section de botanique à l'Académie des Sciences.

En effet, non seulement *La Flore française* provoqua l'enthousiasme de Buffon, au point qu'il en fit imprimer les trois volumes, aux frais de l'État, à l'Imprimerie Royale, et remettre l'édition entière à l'auteur ; non seulement, comme le remarquait Duhamel, en demandant à l'Académie des Sciences de la reconnaître digne de son approbation, cette *Flore* révélait, chez son auteur, « beaucoup de connaissances en botanique, un esprit d'ordre, d'analyse et de précision », et constituait vraiment le premier essor du génie généralisateur et coordinateur de Lamarck ; elle répondait encore à un véritable besoin public.

Car les nombreux systèmes de distribution des plantes, par classes, familles et genres, alors en honneur, n'étaient au fond, selon l'expression de Lamarck, « qu'un aveu de faiblesse déguisé sous un appareil imposant et scientifique » ; ils détournaient de la botanique plutôt qu'ils ne facilitaient son étude. Or, les ouvrages de J.-J. Rousseau avaient précisément mis cette étude en grande faveur ; en la rendant « plus simple, plus facile et plus propre à la connaissance des plantes », en instituant un système d'analyse tel que chacun pût, sans préparation pour ainsi dire, parvenir, seul, à déterminer les caractères et le nom des plantes qu'il récoltait, Lamarck ne provoqua pas seulement l'estime des savants ; il s'attira, par surcroît, la reconnaissance de tous les amateurs de botanique, alors très répandus, et fit une œuvre de vulgarisation scientifique, d'autant mieux accueillie que, suivant l'exemple, tout nouveau, de son maître Buffon, il répudia le latin et rédigea sa *Flore* en français.

Dans tous les cas, à partir de ce moment, la destinée de Lamarck est nettement tracée et suivie par lui sans la moindre défaillance ; il s'attache aux sciences naturelles, et, jusqu'à la fin de sa longue vie, il ne cesse de les faire progresser, d'une manière vigoureuse.

Grâce à la protection de Buffon, qui lui fit décerner le titre de botaniste du roi et le donna pour précepteur à son fils, il parcourut la Hollande, la Prusse, la Hongrie, l'Allemagne, de 1780 à 1782, avec mission de visiter les jardins et cabinets étrangers et d'établir des correspondances avec le Jardin des Plantes de Paris.

Il s'éleva, de la sorte, au premier rang des botanistes français, sur lesquels il acquit enfin une prépondérance et une autorité incontestables, en écrivant quatre volumes de botanique pour l'*Encyclopédie méthodique* et en publiant un même nombre de tomes de l'*Illustration des genres.*

Néanmoins, en 1788 seulement, après la mort de Buffon, il obtint de prendre place parmi les administrateurs du Jardin des Plantes, comme adjoint à Daubenton, « pour la garde des herbiers du roi », et demeura dans cette situation précaire, qui lui fut même âprement disputée, aux appointements de 1.800 livres, avec une femme et six enfants, jusqu'au décret de la Convention, en date du 10 juin 1793, qui transforma l'établissement en Muséum d'histoire naturelle.

Ce décret instituait, pour l'étude de toute la zoologie, deux chaires seulement : l'une affectée à l'histoire naturelle des quadrupèdes, des cétacés, des reptiles et des poissons ; l'autre, à celle des insectes, des vers et des animaux microscopiques.

La première fut attribuée à Étienne Geoffroy-Saint-Hilaire, qui n'avait que vingt et un ans ; la seconde, dont personne ne se souciait, parce que, selon l'expression de Michelet, elle avait pour objet l'inconnu, fut offerte à Lamarck ; il l'accepta, bien qu'il fut âgé de quarante-neuf ans, qu'il se fut, jusque-là, principalement occupé de botanique, et qu'il n'eut d'autres titres à faire valoir, qu'une collection de coquilles, qu'il avait soigneusement formée en participant aux recherches de Bruguières ; il est vrai que cette collection était fort rare, qu'elle était le produit de longues études, et que le gouvernement, instruit de sa valeur scientifique, en fit, ultérieurement, l'acquisition au prix de 5.000 livres.

« La loi de 1793, dit Étienne Geoffroy-Saint-Hilaire, avait prescrit que toutes les parties des sciences naturelles seraient également enseignées. Les insectes, les coquilles et une infinité d'êtres, portion encore presque inconnue de la création, restaient à prendre. De la condescendance à l'égard de ses collègues, membres de l'administration, et, sans doute aussi, la conscience de sa force déterminèrent M. de Lamarck : ce lot si considérable et qui doit entraîner dans des recherches sans nombre, ce lot délaissé, il l'accepta ; résolution courageuse qui nous a valu d'immenses travaux et d'importants ouvrages » (1).

En effet, la portion du monde animal, dont l'étude échut à Lamarck, constituait la masse immense, confuse et ténébreuse, de ce qu'on nommait, vicieusement, depuis Linné, les animaux à sang blanc, et Lamarck, le premier, introduisit l'ordre et la lumière dans cette multitude inexplorée, en opérant des découvertes mémorables que je préciserai plus opportunément, lorsque j'apprécierai ses travaux biotaxiques.

Je noterai simplement ici que, doué d'une prodigieuse activité, il ouvrit son cours, en 1794, après dix mois de préparation, et que, d'année en année, il établit graduellement la classification des invertébrés sur des bases que la postérité s'est bornée à perfectionner, sans jamais les ébranler ; car le monument scientifique qu'il a, de la sorte, édifié, est fait comme le disait Cuvier, « pour durer autant que les objets sur lesquels il repose ».

Pour aboutir à ce grand résultat, Lamarck manipula, disséqua, compara une prodigieuse quantité d'êtres divers ; leur contemplation familière fit surgir en lui des idées générales relatives à leur commune origine et à leur généalogie, autant qu'à leur similitude.

Il consigna le fruit de ses premières méditations sur ce difficile problème philosophique :

1° Dans le discours d'ouverture de son cours, prononcé le 21 Floréal an VIII, et publié en 1801, avec la première édition du *Système des animaux sans vertèbres ;*

2° Dans un ouvrage de 1802, intitulé : *Recherches sur*

____

(1) Discours prononcé aux funérailles de Lamarck.

l'organisation des corps vivants, et particulièrement sur son origine, sur la cause de ses développements et des progrès de sa composition, où il esquisse un tableau du règne animal, destiné à montrer la dégradation progressive des organes spéciaux jusqu'à leur anéantissement.

Ces conceptions philosophiques, initiales de Lamarck, dont l'exposition, de plus en plus perfectionnée, fut renouvelée tous les ans, à l'ouverture de son cours, furent corroborées par la détermination qu'il fit des espèces d'invertébrés fossiles des environs de Paris, avec la même sagacité qu'il avait apportée dans la détermination des espèces vivantes.

Dès lors, sa préoccupation dominante, sa passion de savant, son ambition suprême furent de démontrer la solidarité du monde animal, la variabilité continue des espèces, et de constituer l'échelle des animaux, c'est-à-dire de les classer et de les superposer en série, suivant une graduation naturelle révélant les liens qui unissent entre elles, tout au moins, les masses principales de leurs représentants (1).

C'est à ce persévérant et puissant effort de la pensée de Lamarck qu'est due son œuvre la plus géniale : **La Philosophie zoologique** *ou exposition des considérations relatives à l'histoire naturelle des animaux, à la diversité de leur organisation, et des facultés qu'ils en obtiennent ; aux causes physiques qui maintiennent en eux la vie et donnent lieu aux mouvements qu'ils exécutent ; enfin à celles qui produisent, les unes le sentiment, les autres l'intelligence de ceux qui en sont doués.*

Cet ouvrage impérissable vit le jour en 1809 ; il frappa médiocrement l'attention des savants, et les philosophes contemporains l'ignorèrent. Comme Lamarck y soutient,

(1) Discours d'ouverture prononcé le 27 Floréal an X. *Recherches sur l'organisation des corps vivants ;* p. 39.

parfois, ses convictions, à l'aide d'arguments téméraires,
et comme certaines pages renferment plutôt des énoncés
d'hypothèses que des observations de faits, les esprits
malicieux exploitèrent même ces parties faibles de la
Philosophie Zoologique, pour faire à son immortel auteur
une réputation d'écrivain chimérique et pour ridiculiser
son génie.

Lamarck répondit à ces critiques superficiels en
publiant les « pièces justificatives » et le catalogue dé-
taillé de tous les matériaux objectifs qui avaient servi
d'aliment à ses méditations et de substratum à ses
théories. Cet inventaire, en sept volumes, parus de 1815
à 1822, forme l'édition définitive de l'**Histoire naturelle des animaux sans vertèbres**, *présentant les
caractères généraux et particuliers de ces animaux, leur
distribution, leurs classes, leurs familles, leurs genres et
la citation des principales espèces qui s'y rapportent. C'est
une œuvre colossale que précède une Introduction offrant
la détermination des caractères essentiels de l'animal, sa
distinction du végétal et des autres corps naturels, enfin
l'exposition des principes fondamentaux de la zoologie.*

En réalité, cette introduction, à laquelle près de 400
pages sont consacrées, réédite, en les accentuant et en
les appuyant sur des arguments nouveaux, les théories
exposées par Lamarck dans tous ses cours et qui présentent leur premier degré de condensation, dans la
Philosophie zoologique.

L'*Histoire naturelle des animaux sans vertèbres* fut,
immédiatement, et du consentement unanime, mise au
rang des monuments de la zoologie ; mais son introduction n'eut pas un meilleur sort que la *Philosophie zoologique* qu'elle complétait.

Lamarck l'avait prévu, d'ailleurs, puisqu'il disait,
attestant ainsi qu'il était aussi profond observateur de
l'évolution des idées que de celle des organismes : « Les

hommes qui s'efforcent, par leurs travaux, de reculer les limites des connaissances humaines, savent assez qu'il ne leur suffit pas de découvrir et de montrer une vérité utile qu'on ignorait, et qu'il faut encore pouvoir la répandre et la faire reconnaître. — Or, *la raison individuelle* et *la raison publique*, qui se trouvent dans le cas d'en éprouver quelque dérangement, y mettent, en général, un obstacle tel qu'il est souvent plus difficile de faire reconnaître une vérité que de la découvrir. — Je laisse ce sujet sans développement, parce que je sais que mes lecteurs y suppléeront suffisamment, pour peu qu'ils aient d'expérience dans l'observation des causes qui déterminent les actions des hommes » (1).

Malheureusement, pendant la rédaction de l'*Histoire des animaux sans vertèbres*, la vue de Lamarck, depuis longtemps affaiblie par les longues et multiples observations qu'il n'avait cessé de faire à la loupe et au microscope, sur les plantes et sur les animaux, s'éteignit entièrement.

Une partie du VIe, et tout le VIIe volume de cet ouvrage, furent rédigés, par sa fille aînée, d'après ses cahiers.

Cependant, cette catastrophe n'abattit pas Lamarck, chez qui l'énergie, nous l'avons dit, était à la hauteur du génie scientifique; en 1820, à l'âge de 76 ans, il eut encore assez de vigueur d'esprit et de sérénité pour dicter son testament philosophique qui parut, la même année, sous le titre de Système analytique des connaissances positives de l'homme, restreintes a celles qui proviennent directement ou indirectement de l'observation.

Ses dernières années, seules, furent assombries par la mélancolie, que des soucis matériels, causés par la perte

___

(1) *Philosophie zoologique :* Edition Martins, vol. II, p. 411.

du très modeste patrimoine qu'il avait épargné, aggravèrent encore.

La fortune ne sourit donc jamais à cet infatigable travailleur, dont le génie pourtant ne cessa de suivre une marche ascendante, comme l'atteste, notamment, la comparaison de la *Philosophie zoologique* (1809), et de la magistrale introduction de l'*Histoire naturelle des animaux sans vertèbres* (1815).

« Lamarck, dit Etienne Geoffroy-Saint-Hilaire, pour arriver à la démonstration du principe vrai de la variabilité des formes chez les êtres organisés, produisit trop souvent des preuves surabondantes, exagérées et pour la plupart erronées, que ses adversaires, habiles à saisir le côté faiblissant de ses talents, s'empressèrent de relever et de mettre en lumière. Attaqué de tous côtés, injurié même par d'odieuses plaisanteries, Lamarck, trop indigné pour répondre à de sanglantes épigrammes, en subit l'épreuve avec une douloureuse patience. Je me garderai d'insister sur ces souvenirs ; j'aurais trop d'accusations à porter. Lamarck vécut longtemps pauvre et délaissé, non de moi ; je l'aimai et le vénérai toujours. Sa fille, nouvelle Antigone, vouée aux soins les plus généreux de la tendresse filiale, soutenait son courage et consolait sa misère par ces seuls mots : La postérité vous honorera, vous vengera ».

Et Cuvier lui-même traduit en ces termes le respect profond que le beau caractère de Lamarck imposait à tous : « Sa vie retirée, suite des habitudes de sa jeunesse, sa persistance dans des systèmes peu d'accord avec les idées qui dominaient dans les sciences, n'avaient pas dû lui concilier la faveur des dispensateurs de grâces ; et lorsque les infirmités sans nombre, amenées par la vieillesse, eurent accru ses besoins, toute son existence se trouva à peu près réduite au modique traitement de sa chaire. Les amis des sciences, attirés par la haute

réputation que lui avaient value' ses ouvrages de botanique et de zoologie, voyaient ce délaissement avec sur-
prise ; il leur semblait qu'un gouvernement protecteur
des sciences aurait dû mettre un peu plus de soin à s'in-
former de la position d'un homme célèbre ; mais leur
estime redoublait à la vue du courage avec lequel ce
vieillard illustre supportait les atteintes de la fortune et
celles de la nature ; ils admiraient surtout le dévouement
qu'il avait su inspirer à ceux de ses enfants qui étaient
demeurés auprès de lui : sa fille aînée, entièrement consacrée aux devoirs de l'amour filial pendant des années
entières, ne l'a pas quitté un instant, n'a pas cessé de se
prêter à toutes les études qui pouvaient suppléer au défaut de la vue, d'écrire, sous sa dictée, une partie de ses
derniers ouvrages, de l'accompagner, de le soutenir, tant
qu'il a pu faire encore quelque exercice, et ces sacrifices
sont allés au-delà de tout ce que l'on pourrait exprimer :
depuis que le père ne quittait plus la chambre, la fille
ne quittait plus la maison ; à sa première sortie, elle fut
incommodée par l'air libre dont elle avait perdu l'usage.
S'il est rare de porter à ce point la vertu, il ne l'est pas
moins de l'inspirer à ce degré et c'est avoir ajouté à
l'éloge de M. de Lamarck que d'avoir raconté ce qu'ont
fait pour lui ses enfants » (1).

Lamarck mourut en 1829, à l'âge de 85 ans ; il laissait
sans ressources ses deux filles et collaboratrices, qu'une
tendre affection avait rendues plus clairvoyantes que
tous les savants contemporains, à l'égard du génie de
leur père.

« J'ai vu moi-même en 1832, dit M. Martins, auteur
d'une réédition de la *Philosophie zoologique* (2), Made-
moiselle Cornélie de Lamarck attacher, pour un mince
salaire, sur des feuilles de papier blanc, les plantes

(1) Éloge de Lamarck.
(2) Paris, 1873, Savy, édit.

de l'herbier du Muséum, où son père avait été professeur. Souvent, des espèces, nommées et décrites par lui, ont dû passer sous ses yeux, et ce souvenir ajoutait sans doute à l'amertume de ses regrets. Fille d'un ministre ou d'un général, les deux sœurs eussent été pensionnées par l'État ; mais leur père n'était qu'un grand naturaliste honorant son pays dans le présent et dans l'avenir, elles devaient être oubliées et le furent en effet. »

D'autre part, si l'on excepte le discours ému, mais très bref, qu'Étienne Geoffroy-Saint-Hilaire prononça au cimetière Montparnasse (1), le 20 décembre 1829, le seul hommage véritable qu'on rendit à la grandeur de l'œuvre de Lamarck, à l'époque de sa disparition, fut de dédoubler la chaire dont il était titulaire au Muséum. L'entomologie fut attribuée à Latreille et la conchyologie à de Blainville, parce que le développement immense que le fondateur avait donné à l'objet primitif de cette chaire était désormais hors de proportion avec la capacité d'un professeur unique.

En effet, on ne peut, aujourd'hui, décemment considérer, comme une justice rendue à Lamarck, l'éloge que Cuvier, l'irréconciliable champion de la théorie de la fixité des espèces, avait préparé et qui fut lu, après sa mort, par le baron Sylvestre, à la séance de l'Institut du 26 novembre 1832 (2).

Cet éloge, dont la lecture publique ne fut, du reste, possible que grâce à la suppression préalable de plusieurs passages trop acrimonieux, ne s'adresse qu'au naturaliste descriptif et au classificateur ; il ne parle du

(1) L'emplacement, seul, de la tombe de Lamarck peut être, aujourd'hui, déterminé ; le terrain dans lequel il fut déposé ne fut probablement l'objet que d'une concession temporaire et il a depuis reçu de nouveaux occupants.

(2) Publié dans les *Mémoires de l'Académie des Sciences*, 2e série, tome XIII, 1835.

philosophe qu'avec une impertinence académique, en l'as-
similant à ces hommes qui « croient pouvoir devancer
« l'expérience et le calcul et construisent laborieusement
« de vastes édifices sur des bases imaginaires, semblables
« à ces palais enchantés de nos vieux romans que l'on
« faisait évanouir en brisant le talisman dont dépendait
« leur existence. »

En réalité, parmi les penseurs de la première moitié du
xixe siècle, Auguste Comte est le seul qui reconnut la
puissante originalité de Lamarck et qui signala toute
l'importance philosophique que ses théories présentaient
pour l'entreprise et la direction des travaux biologiques
ultérieurs.

Auguste Comte éprouvait la plus vive admiration pour
Lamarck ; il parle, fréquemment, avec une sorte d'enthousiasme, « de la hardiesse de son beau génie philosophique » ; il oppose « la noble persistance de ce penseur,
« octogénaire et aveugle, à la rétrogradation de Blainville,
« en politique et même en science » ; il donne une large
place à l'appréciation de sa tentative de constitution de
l'échelle animale, dans ses considérations générales sur
la philosophie biotaxique (1) ; il le proclame fondateur
de la théorie des milieux et de la modificabilité (2) ; enfin,
il a fait figurer la *Philosophie zoologique* parmi les monuments de la pensée humaine, dont la postérité doit éter-
nellement s'inspirer, et il inscrivit le nom de Lamarck
dans son calendrier des grands hommes, dans le mois
consacré à la commémoration des divers procréateurs
de la science moderne, et dans la semaine réservée aux
biologistes.

Préoccupé de l'amélioration organique des végétaux,

(1) 42e leçon du cours de *Philosophie positive*, écrite en 1836,
vol. III de ce cours ; pp. 368-398.
(2) *Ibidem* ; p. 397

des animaux et de l'homme, Auguste Comte a même proposé d'appliquer d'une manière, au moins curieuse, les théories de Lamarck ; « sous la double influence de l'exercice individuel et de la transmission héréditaire, la vraie providence (c'est-à-dire la providence humaine), lui semblait pouvoir étendre la variation normale des espèces jusqu'à la transformation complète des herbivores en carnivores (1), dans le but de perfectionner l'intelligence de nos auxiliaires et spécialement celle du cheval ».

D'autre part, « le principe irrécusable de Lamarck sur l'influence nécessaire d'un exercice homogène et continu, pour produire dans tout organisme animal, et surtout chez l'homme, un perfectionnement organique, susceptible d'être graduellement fixé dans la race, après une persistance suffisamment prolongée », lui paraît propre à expliquer à la fois, « la plus grande aptitude naturelle aux combinaisons d'esprit que présentent les peuples très civilisés, indépendamment de toute culture quelconque », et la prépondérance croissante, chez ces mêmes peuples, des plus nobles penchants de notre nature (2).

Néanmoins, Auguste Comte ne rendit à Lamarck qu'une justice partielle, parce qu'il professait « qu'on ne saurait se refuser d'admettre, comme une grande loi naturelle, la tendance essentielle des espèces vivantes à se perpétuer indéfiniment avec les mêmes caractères principaux, malgré la variation du système extérieur de leurs conditions d'existence » (3).

C'est pourquoi, tout en reconnaissant, selon sa propre méthode, qu'aucun problème n'est jamais nettement formulé, tant qu'on n'en fournit pas une première solu-

(1) *Politique positive*, I, p. 666.
(2) *Philosophie positive*, IV, pp. 276 et suivantes.
(3) *Ibidem*, III, p. 396.

tion approximative, et que Lamarck eut le mérite de poser, sous cette forme, le problème de l'influence exercée par les milieux sur les êtres vivants, Auguste Comte considère, comme purement subjectives et même comme « naïves », les idées de Lamarck sur l'évolution continue des espèces.

Finalement, les conceptions magistrales de Lamarck semblaient devoir rester enfouies, avec lui, dans les ténèbres de la tombe, lorsque parut, en 1859, le livre de Darwin sur l'*Origine des Espèces*.

Ce livre fut le point de départ d'un ébranlement scientifique et philosophique, universel, relativement aux questions qui avaient fait l'objet incessant des méditations du grand naturaliste dont nous venons de retracer l'existence laborieuse.

La *Philosophie zoologique* et son complément, l'introduction de l'*Histoire naturelle des animaux sans vertèbres*, furent alors exhumés, et le génie de Lamarck résplendit enfin dans tout son éclat ; on peut même, sans exagération, dire qu'à plusieurs égards il éclipse, aujourd'hui, celui de Darwin, non seulement à cause de son antériorité, mais en raison de l'ampleur et de l'importance supérieures des sujets sur lesquels il s'est exercé.

C'est du moins ce qui ressortira, je l'espère, de l'appréciation des principales théories biologiques de Lamarck, à laquelle je vais maintenant procéder, en dégageant préalablement les idées directrices et la philosophie qui les inspirèrent ; car elles jettent une vive lumière sur l'ensemble de son œuvre, dont toutes les parties s'enchaînent, et permettent d'en mieux scruter les profondeurs.

II

La philosophie générale de Lamarck.

Lamarck était imbu de la philosophie du xviiie siècle ;
son esprit offre ce curieux mélange de métaphysique et
de positivité, qui caractérisait la plupart de ses contemporains et qu'Auguste Comte, le premier, a définitive-
ment dissocié ; il invoque souvent, dans ses explications,
« l'auteur suprême de toutes choses », et « la nature » ;
toutefois, il ne considère pas celle-ci comme un pouvoir
arbitraire et sa préoccupation incessante est de découvrir
les lois qui la constituent et la gouvernent, en dehors de
toute influence surnaturelle.

C'est ainsi qu'il consacre toute la VIe partie de l'introduction de l'*Histoire naturelle des animaux sans vertèbres*
à l'étude « de la nature, ou de la puissance, en quelque
sorte *mécanique,* qui a donné l'existence aux animaux et
qui les a faits nécessairement ce qu'ils sont ».

Et, d'autre part, il dit : « la nature, ce mot si souvent prononcé comme s'il s'agissait d'un être particulier,
ne doit être à nos yeux que *l'ensemble d'objets* qui com-
prend :

« 1° tous les corps physiques qui existent ;

« 2° les lois générales et particulières qui régissent les
changements d'état et de situation que ces corps peuvent
éprouver ;

« 3° enfin, le mouvement diversement répandu parmi
eux, perpétuellement entretenu ou renaissant dans sa
source, infiniment varié dans ses produits, et d'où
résulte l'ordre admirable de choses que cet ensemble
nous présente » (1).

(1) *Philosophie zoologique,* vol. I ; p. 349. Édition Martins.

Car, ajoute-t-il, ailleurs :

« Je dirai, sans crainte de me tromper, que la nature ne nous offre d'observable que des *corps* ; que du mouvement entre des *corps* ou leurs parties ; que des changements dans les *corps* ou parmi eux ; que les propriétés des *corps* ; que des phénomènes opérés par les *corps* et surtout par certains d'entre eux ; enfin, que des lois immuables, qui régissent partout les mouvements, les changements et les phénomènes que nous présentent les corps » (1).

Sa théorie même des causes premières de la vie et des générations spontanées constituait un vigoureux effort, pour arracher à la théologie l'explication de l'origine des êtres organisés et tenter de prouver que la vie résulta, primitivement, d'une manière directe, des milieux matériels.

En réalité, malgré quelques déviations furtives, qui n'altèrent ni sa méthode générale, ni l'ensemble de ses découvertes, Lamarck subordonne toujours l'imagination à l'observation ; c'est dans l'observation seule, qu'il puise ses idées les plus lumineuses et ses arguments les plus péremptoires.

« Quant à moi, dit-il, convaincu que les seules connaissances positives que nous puissions avoir, ne sont autres que celles que l'on peut acquérir par l'observation, sachant d'ailleurs que, hors de la nature, hors des objets qui sont de son domaine, et des phénomènes que nous offrent ces objets, nous ne pouvons rien observer, je me suis imposé pour règle, à l'égard de l'étude de la nature, de ne m'arrêter dans mes recherches, que lorsque les moyens me manqueraient entièrement » (2).

(1) *Histoire naturelle des animaux sans vertèbres*, vol. I, introduction ; p. 200.
(2) *Ibidem* ; pp. 165, 213 et suiv.

Et, dans son testament philosophique, dans son *Système des connaissances positives de l'homme, restreintes à celles qui proviennent directement ou indirectement de l'observation*, que j'ai signalé plus haut, il écrit encore :

« Je me suis livré constamment à l'observation des faits et me suis ensuite efforcé de rassembler tous ceux qui avaient été constatés par d'autres observateurs. Alors, faisant provisoirement abstraction de mes pensées et de toute opinion admise à l'égard des sujets que je considérais, j'ai longtemps examiné tous les faits parvenus à ma connaissance, j'en ai tiré des conséquences, les unes générales, les autres plus particulières et progressivement dépendantes, et j'en ai formé une théorie dont je présente ici les principes qui la fondent.....

. . . .

« Ayant une longue habitude de méditer sur les faits observés, ces principes ont obtenu toute ma confiance et ont dirigé toutes les considérations éparses dans mes divers ouvrages » (1).

Aussi déclare-t-il, dans le même ouvrage, que le premier de ses principes est le suivant :

« *Premier principe :* Toute connaissance qui n'est pas le produit réel de l'observation ou des conséquences tirées de l'observation, est tout à fait sans fondement et véritablement illusoire » (2).

Lamarck n'avait donc plus foi que dans l'esprit positif. C'est pour cela qu'il estime que l'essor de l'intelligence humaine est circonscrit par ce qu'il nomme : « le champ des réalités » (3); mais, parmi toutes les réalités observables, il en est une qui, par sa nature propre, par son

----

(1) *Discours préliminaire ;* p. 2.
(2) *Ibidem ;* p. 84.
(3) *Ibidem ;* p. 78.

intérêt, par son importance, lui semble infiniment supérieure à toutes les autres : c'est l'homme.

Et, dominé par cette conception maîtresse, il assigne, comme but suprême à toutes les études, une connaissance plus complète de l'homme, de son organisation, de ses besoins, de ses sentiments, de ses idées, de leurs résultats, des lois naturelles qui régissent l'évolution de son espèce, et par suite de ses devoirs. L'homme, dit-il, est forcé de reconnaître que l'histoire naturelle est assurément « la plus grande et la plus importante de toutes les sciences dont il puisse s'occuper », et qu'il a le plus grand intérêt à la connaître et à l'étudier, « afin de ne point se mettre en contradition, par ses actions, avec un ordre et une force de choses auxquels il est entièrement assujetti » (1).

C'est pourquoi Lamarck est résolument hostile à la dispersion scientifique ; il en pressent le danger ; il s'indigne de l'étendue croissante des spécialités qu'il nomme le *faux-savoir* par lequel « la philosophie des sciences perd de plus en plus la simplicité qui lui est si essentielle ; ses connexions intimes avec les lois de la nature disparaissent insensiblement et les théories de ces mêmes sciences, encombrées par une immensité de détails dans lesquels elles continuent de s'enfoncer, obscurcies par les fausses vues dont elles sont remplies, deviennent de jour en jour plus défectueuses » (2).

En outre, non seulement Lamarck ne perd jamais de vue que la science a la philosophie pour couronnement, mais encore la morale et l'intérêt public lui servent aussi de régulateurs. Il n'est pas de ces dilettante de la science, reclus dans leur laboratoire, qui demeurent indifférents à tout ce qui se passe au dehors.

(1) *Discours préliminaire* ; p. 82.
(2) *Ibidem* ; p. 87.

Le second et le troisième des principes fondamentaux qui ont dirigé sa vie sont ainsi formulés par lui :

« *Second principe* : dans les relations qui existent, soit entre les individus, soit envers les diverses sociétés que forment ces individus, soit encore entre les peuples et leurs gouvernements, la *concordance* entre les intérêts réciproques est le principe du bien, comme la *discordance* entre ces mêmes intérêts est celui du mal.

« *Troisième principe :* relativement aux affections de l'homme social, outre celle que lui donne la nature pour sa famille, pour les objets qui l'ont entouré ou qui ont eu des rapports avec lui dans sa jeunesse, et quelles que soient celles qu'il ait pour tout autre objet, ces affections ne doivent jamais être en opposition avec l'intérêt public, en un mot, avec celui de la nation dont il fait partie » (1).

Bref, après avoir fait, avec une scrupuleuse sincérité, l'examen de toute sa conscience philosophique, Lamarck conclut lui-même :

« 1° que, pour l'homme, la plus utile des connaissances est celle de la *nature,* considérée sous tous ses rapports ;

« 2° que, conséquemment, la plus importante de ses études est celle qui a pour but l'acquisition entière de cette connaissance ; que cette étude ne doit pas se borner à l'art de distinguer et de classer les productions de la nature, mais qu'elle doit conduire à reconnaître ce qu'est la nature elle-même, quel est son pouvoir, quelles sont ses lois dans tout ce qu'elle fait, dans tous les changements qu'elle exécute et quelle est la marche constante qu'elle suit, dans tout ce qu'elle opère ;

« 3° que, parmi les sujets de cette grande étude, celle

(1) *Discours préliminaire ;* p. 85.

des lois de la *nature* qui régissent les faits et les phénomènes de l'organisation de l'homme, son sentiment intérieur, ses penchants, etc..... et celles aussi auxquelles sont soumis les agents extérieurs qui l'affectent, ou ceux qui peuvent compromettre tout ce qui l'intéresse directement, doivent attirer son attention et inciter ses recherches avant les autres ;

« 4° qu'à l'aide des connaissances qu'il peut obtenir par ses études, il se conformera plus aisément aux lois de la *nature* dans toutes ses actions ; il pourra se soustraire à des maux de tout genre ; enfin il en retirera les plus grands avantages » (1).

Avec Lamarck, nous sommes donc, bien manifestement, en présence d'un génie éminemment philosophique, et social, voué à l'étude positive et simultanée du monde, de l'homme et de la société, dont la pensée s'est rapidement élevée et familièrement maintenue sur les plus hauts sommets.

Pour toutes ces raisons, ce grand homme est digne de la plus profonde vénération des positivistes.

Je vais, du moins, m'efforcer de mettre cette affirmation hors de tout débat contradictoire, en effectuant une analyse plus spéciale des principales œuvres de Lamarck.

____

(1) *Discours préliminaire* ; p. 95.

III

Appréciation des principaux travaux
de Lamarck.

I

TRAVAUX COSMOLOGIQUES

L'activité studieuse, vraiment extraordinaire, de Lamarck, s'est exercée dans tous les domaines des sciences physiques et naturelles avec une grande fécondité, et, bien que sa gloire dérive surtout de ses découvertes biologiques, il n'en a pas moins émis, en cosmologie, quelques théories ingénieuses dont la conception suffirait à l'honneur d'un savant ordinaire ; car, à cet égard même, il a souvent devancé son époque (1).

En minéralogie, par exemple, il a mis en lumière les caractères fondamentaux qui distinguent les corps organiques des corps vivants, et proposé de classer les premiers en séries, en prenant pour base initiale, soit l'ancienneté de leur origine, soit l'éloignement qui existe entre la structure de chacun d'eux et celle des êtres organisés.

(1) L'énumération détaillée de tous les ouvrages de Lamarck se trouve dans un index bibliographique, publié dans le livre le plus complet qui existe, jusqu'ici, sur Lamarck : *Lamarck, the founder of évolution, his life and work, with translations of his writings on organic évolution, by Alphens S. Packard, Longman, green, and C°, New-York, 1901.*

En géologie, il soutenait, à juste titre, que la surface terrestre est dans un état permanent de transformation et que l'intelligence des phénomènes anciens est subordonnée à l'étude préalable des phénomènes actuels.

On lui doit sur ce sujet tout un ouvrage intitulé : *Hydrogéologie ou recherches sur l'influence qu'ont les eaux sur la surface du globe terrestre ; sur les causes de l'existence du bassin des mers, de son déplacement et de son transport successif sur les différents points de la surface du globe ; enfin sur les changements que les corps vivants exercent sur la nature et l'état de cette surface* (An X).

Certes, ce livre contient des hypothèses que les observations scientifiques, postérieures, ont ruinées ; mais son auteur n'en est pas moins au premier rang de ceux qui ont conçu la doctrine, aujourd'hui triomphante, de la lenteur et de la continuité des grandes révolutions du globe, et qui se sont efforcés de la substituer à la théorie des cataclysmes, universels et successifs.

De plus, Lamarck a dévoilé le rôle énorme des protozaires et des zoophytes, dans la constitution des couches calcaires de la croûte terrestre et c'est à lui qu'on doit l'attribution exclusive, aux restes des anciens êtres organisés, du nom de fossiles, qui, primitivement, était donné, d'une manière vague, à tous les objets de curiosité trouvés dans la terre.

« C'est à ces dépouilles encore reconnaissables des corps organisés, dit-il, qu'on trouve dans le sein de la terre et à sa surface, que j'ai donné particulièrement le nom de *fossiles* » (1).

« Ces fossiles sont des *monuments* extrêmement précieux pour l'étude des révolutions qu'ont subies les différents points de la surface du globe et des changements

____

(1) *Hydrogéologie* ; p. 55.

que les êtres vivants y ont eux-mêmes successivement éprouvés » (1).

S'appuyant sur cet ensemble de matériaux et de faits, Lamarck éliminait les traditions bibliques relatives au déluge et à l'origine récente de la terre ; scrutant l'immensité des temps que représentent les modifications que notre planète a subies, il écrivait :

«Combien cette antiquité du globe terrestre s'agrandira encore aux yeux de l'homme, lorsqu'il se sera formé une juste idée de l'origine des corps vivants, ainsi que des causes du développement et du perfectionnement graduels de l'organisation de ces corps et surtout lorsqu'il concevra que le temps et les circonstances ayant été nécessaires pour donner l'existence à toutes les espèces vivantes telles que nous les voyons actuellement, il est lui-même le résultat et le *maximum* actuel de ce perfectionnement, dont le terme, s'il en existe, ne peut être connu » (2).

Passionné pour l'histoire de notre globe, il avait même conçu le projet de ne publier ses travaux biologiques qu'après ses observations sur la météorologie, qui devaient servir de première partie à une *Physique terrestre,* dans laquelle il aurait étudié tout ce qui se passe et tout ce qu'on observe à la surface et dans la croûte externe de la terre.

Effectivement, il publia plusieurs mémoires sur la météorologie, et, pendant onze ans consécutifs, de 1800 à 1810, un annuaire météorologique.

Arago, dans l'*Histoire de sa jeunesse,* raconte, à ce sujet, une anecdote édifiante, datant de 1809 ; il venait d'entrer à l'Académie des Sciences et il assistait à une séance

____

(1) *Sur les fossiles ;* appendice au *Système des animaux sans vertèbres,* 1801 ; p. 406.

(2) *Hydrogéologie,* p. 89, et *Mémoires sur les fossiles des environs de Paris,* 1823 ; Introduction.

solennelle dans laquelle les membres de cette Académie devaient présenter à Napoléon leurs dernières œuvres.

Lamarck lui ayant offert un livre, Napoléon s'écria :

— Qu'est-ce que cela ? C'est votre absurde météorologie ! C'est cet ouvrage dans lequel vous faites concurrence à Mathieu Lænsberg, cet annuaire qui déshonore vos vieux jours ; faites de l'histoire naturelle et je recevrai vos productions avec plaisir. — Ce volume, je ne le prends que par considération pour vos cheveux blancs. Tenez..... et il passa le livre à un aide de camp, sans l'examiner.

Vainement Lamarck insista pour faire remarquer qu'il y avait confusion et que le livre qu'il offrait était un ouvrage d'histoire naturelle ; le despote insolent ne l'écouta pas et reçut la *Philosophie zoologique*, qu'en réalité l'auteur lui présentait, comme un annuaire de météorologie.

Le vieux philosophe naturaliste, affligé de cette brutale méconnaissance, versa des larmes, ajoute Arago.

L'injure gratuite, qui lui fut faite en cette circonstance, dut, en effet, lui être d'autant plus sensible qu'elle attestait que Bonaparte n'était pas moins ignorant du but que Lamarck poursuivait avec son annuaire météorologique, qu'incapable d'apprécier la *Philosophie zoologique* ; car Lamarck s'est toujours défendu, dans toutes les préfaces de cet annuaire, de faire des *prédictions* ; il n'a jamais voulu donner que des *probabilités*, résultant de l'observation des phénomènes correspondants des années précédentes ; il proclamait bien haut et sans cesse, que l'objet de son annuaire météorologique était « de publier annuellement toutes les observations des physiciens météorologistes qu'il aurait pu recueillir, pendant l'année, ou au moins leurs principaux résultats, d'y exposer les siennes, et d'employer ces faits, sous les yeux même du public, à la recherche d'un ordre quelconque dans les principales variations de l'atmosphère en nos climats » (1).

En un mot, Lamarck voulait introduire la méthode scientifique dans les études météorologiques.

Il demanda et obtint qu'on établit, en différents points de la France, « une correspondance d'observations météorologiques détaillées et régulières, faites au moins trois fois par jour, dans chacun de ces points, et ensuite toutes ramenées à un point central pour y être mises en comparaison les unes avec les autres et en regard, avec les causes qui ont pu occasionner les faits que ces observations concernent, afin d'en pouvoir obtenir des résultats » (2).

Lamarck fut, un moment, chargé, par le ministre de l'Intérieur, de diriger cette correspondance et il eut ainsi, le premier, la conception de notre bureau central météorologique actuel et des observatoires régionaux qui lui sont rattachés.

Il a, de plus, émis l'idée des marées atmosphériques et du peuplement de l'air par des germes microscopiques, qui, croyait-il, donnaient naissance à des animalcules.

Enfin, en chimie générale, Lamarck s'est efforcé de prouver que tous les actes chimiques dépendent des atomes, qui entrent dans la composition des corps, et que ces atomes, par leur nature, leur forme et leur disposition, déterminent la différence des corps composés.

Au surplus, je ne signale que pour mémoire toutes ces vues cosmologiques, originales, de Lamarck, dont quelques-unes, plus approfondies, ont cependant fait fortune ultérieurement ; car l'influence, exercée par ce grand homme sur la science et sur l'évolution de l'esprit humain, est exclusivement inhérente à ses travaux biologiques.

(1) *Annuaire météorologique pour l'an X* ; p. 1.
(2) *Ibidem* ; p. 7.

II

TRAVAUX BIOLOGIQUES

Les travaux biologiques de Lamarck sont innombrables et gigantesques. Ils ont, à vrai dire, pour objet, tous les aspects de la biologie, puisqu'ils concernent : la biologie générale, l'anatomie générale et descriptive, l'histoire naturelle, la biotaxie, la physiologie générale, la physiologie spéciale du système nerveux périphérique, la physiologie cérébrale, la théorie des milieux, la théorie de la modificabilité, la généalogie des animaux et de l'homme.

Nous allons successivement passer en revue tous ces travaux qui se distinguent par le génie philosophique et synthétique. Ils sont condensés dans : les *Considérations sur l'organisation des corps vivants*, la *Philosophie zoologique* et l'*Histoire naturelle des animaux sans vertèbres*, pièces justificatives et supplément de la *Philosophie zoologique*, fruit de quarante ans d'études ininterrompues (1).

Biologie générale.

Spéculant, comme Buffon, comme Bichat, comme tous les penseurs de son temps, sur la nature des phénomènes que présentent tous les êtres organisés, sans distinction, Lamarck s'est continuellement préoccupé de formuler une théorie générale de la vie, aussi positive que possible.

Il ne méconnaît nullement les propriétés spéciales, qui font que les corps inorganiques forment, à nos yeux, une catégorie distincte des corps vivants ; il démontre que les premiers ont une constitution essentiellement

(1) *Histoire naturelle des animaux sans vertèbres* : Avertissement ; pp. ij ; vj ; xiij.

qui ait en propre la faculté d'avoir ou de se former des idées, en un mot, de *penser*. Là où de pareils phénomènes se montrent (et l'on n'en observe de cette sorte que dans les animaux les plus parfaits), l'on trouve toujours un système d'organes particulier, propre à les produire, système dont l'étendue et l'intégrité sont constamment en rapports avec le degré d'éminence et l'état des phénomènes dont il s'agit.

« *6e Principe* : Enfin, il n'y a, dans la nature, aucune matière qui ait en propre la faculté de sentir ; aussi, là où cette faculté peut être constatée, là seulement se trouve, dans le corps vivant qui en est doué, un système d'organes particulier, capable de donner lieu au phénomène physique, mécanique et organique, qui, seul, constitue la *sensation* » (1).

Il ressort clairement de ces principes, dans lesquels le génie abstrait et généralisateur de Lamarck éclate si manifestement, que, pour lui, la vie n'est autre que le phénomène ou l'ensemble de phénomènes présenté par un organisme en fonction et que la sensation, les facultés morales et les facultés intellectuelles ont, comme elle, un substratum matériel.

Entraîné par son désir de tout expliquer scientifiquement, il a même l'audace de soutenir que « la nature, à l'aide de la chaleur, de la lumière, de l'électricité et de l'humidité, forme des générations spontanées ou directes, à l'extrémité de chaque règne des corps vivants, où se trouvent les plus simples de ces corps » (2), et il déclare qu'il ne doute nullement « que les eaux soient le berceau du règne animal tout entier » (3).

Dans tous les cas, si la vie est, intégralement, un phénomène naturel, il en est de même, bien entendu, de

(1) *Histoire naturelle des animaux sans vertèbres*, I ; p. 11.
(2) *Philosophie zoologique*, II ; p. 75.
(3) *Ibidem*, II ; p. 418.

sa manifestation ultime, de la mort, et de la putréfaction consécutive qui libère, pour une nouvelle activité, les matériaux constitutifs des corps vivants et les fait rentrer dans le circulus universel.

« L'organisation et la vie, dit Lamarck, ne sont que des phénomènes naturels et leur destruction dans l'individu qui les possède n'est encore qu'un phénomène naturel, suite nécessaire de l'existence des premiers.

« Les corps sont, sans cesse, assujettis à des mutations d'état, de combinaison et de nature, au milieu desquelles les uns passent continuellement, de l'état de corps inerte ou passif, à celui qui permet en eux la vie, tandis que les autres repassent de l'état vivant à celui de corps brut et sans vie. Ces passages de la vie à la mort et de la mort à la vie font évidemment partie du cercle de toutes les sortes de changements auxquels, pendant le cours des temps, tous les corps physiques sont soumis » (1).

Et ailleurs :

« La mort de tout corps vivant est un phénomène naturel qui résulte nécessairement des suites de la vie dans ce corps, si quelque cause accidentelle ne le produit pas avant que les causes naturelles l'amènent ; ce phénomène n'est autre chose que la cessation complète des mouvements vitaux à la suite d'un dérangement quelconque dans l'ordre et l'état des choses nécessaire pour l'exécution de ces mouvements; et dans les animaux à organisation très composée, les principaux systèmes d'organes possédant, en quelque sorte, une vie particulière, quoique étroitement liée à la vie générale de l'individu, la mort de l'animal s'exécute graduellement et comme par parties, de manière que la vie s'éteint successivement dans ses principaux organes et dans un ordre

(1) *Philosophie zoologique*, vol. II ; p. 57.

constamment le même, et l'instant où le dernier organe cesse de vivre est celui qui complète la mort de l'individu » (1).

Prenant ainsi position sur les plus hauts sommets des sciences naturelles, Lamarck a toujours, de préférence, dans toutes ses études, fixé son attention sur les facultés communes à tous les corps vivants qui sont, disait-il :

1° de se *nourrir* à l'aide de matières alimentaires incorporées ;

2° de composer leur corps, c'est-à-dire de former eux-mêmes les substances propres qui le constituent, avec des matériaux qui en contiennent seulement les principes et que les matières alimentaires leur fournissent particulièrement ;

3° de se développer et de s'accroître jusqu'à un certain terme, particulier à chacun d'eux, sans que leur accroissement résulte de l'apposition à l'extérieur des matières qui se réunissent à leur corps ;

4° de se régénérer eux-mêmes, c'est-à-dire de produire d'autres corps qui leur soient en tout semblables ;

5° de perdre la vie qu'ils possédaient par une cause qui est en eux-mêmes (2).

Finalement, par ses méditations constantes sur les phénomènes communs à tous les êtres organisés « dont la totalité peut être regardée comme un laboratoire immense et toujours actif », Lamarck fut conduit à la conception d'une science générale de la vie, qu'il exposa dans les termes suivants :

« La vie que les corps vivants possèdent, ainsi que les facultés qu'ils en obtiennent, les distinguent essentiellement des autres corps de la nature. Ils offrent en eux, et dans les phénomènes divers qu'ils présentent, les ma-

(1) *Philosophie zoologique*, II ; p. 153.
(2) *Ibidem*, chap. VIII. Les facultés communes à tous les corps vivants ; spécialement, p. 106 et 116.

tériaux d'une science particulière qui n'est pas encore fondée, qui n'a pas même de nom, dont j'ai proposé quelques bases dans ma *Philosophie zoologique*, et à laquelle je donnerai le nom de *Biologie*.

« On conçoit que tout ce qui est généralement commun aux végétaux et aux animaux, comme toutes les facultés qui sont propres à chacun de ces êtres sans exception, doit constituer l'unique et vaste objet de la *Biologie*; car les deux sortes d'êtres que je viens de citer sont tous essentiellement des corps vivants et ce sont les seuls êtres de cette nature qui existent sur notre globe.

« Les considérations qui appartiennent à la *Biologie* sont donc tout à fait indépendantes des différences que les végétaux et les animaux peuvent offrir dans leur nature, leur état, et les facultés qui peuvent être particulières à certains d'entre eux » (2).

Les vœux de Lamarck sont aujourd'hui réalisés. Non seulement, la *Biologie* s'est constituée avec le caractère de haute généralité qu'il désirait ; mais encore elle a conservé le nom de baptême qu'il lui a donné.

Anatomie générale. — Anatomie descriptive.
Histoire naturelle.

En anatomie générale, universalisant la notion que le génie de Bichat avait seulement étendue à la considération de l'ensemble de l'organisme humain qui lui était plus familière, Lamarck a montré que le tissu cellulaire doit être regardé « comme la gangue dans laquelle tout organisme a été formé » (3).

« Le tissu cellulaire, dit-il, est la matrice générale de tout organisme, et, sans ce tissu, aucun corps vivant ne pourrait exister et n'aurait pu se former. »

(1) *Histoire naturelle des animaux sans vertèbres,* vol. I⁰ʳ ; p. 49.
(2) *Philosophie zoologique,* II, chap. V.

ordres, les familles, les genres, les nomenclatures, et
s'efforça de ranger tous les animaux en série graduée,
autrement dit, de constituer une échelle animale, en
prenant l'homme comme terme de comparaison, comme
zoomètre, en s'élevant jusqu'à lui, suivant une marche
progressive conduisant de l'organisation la plus simple
à la plus composée, et en accordant aux organes eux-
mêmes un ordre d'importance fixé par le tableau ci-
dessous (1) :

> Organes de la digestion ;
> »   de la respiration ;
> »   du mouvement ;
> »   de la génération ;
> »   du sentiment ;
> »   de la circulation.

Cette prééminence, accordée par Lamarck, dans la
hiérarchie animale, aux organes de la vie végétative,
représentait le côté défectueux de sa méthode ; car il est
bien manifeste que la supériorité relative des animaux
résulte surtout de ce qui caractérise le mieux l'animalité,
c'est-à-dire du développement de leurs facultés intellectuelles et morales et de locomotion, ou, plus exactement,
de leur système nerveux.

D'ailleurs, infidèle lui-même, en certains points, à sa
propre méthode, Lamarck proposa finalement de dis-
poser, hiérarchiquement, les trois groupes qu'il recon-
naissait dans le règne animal, « en considérant l'exclusion ou la possession des facultés les plus éminentes dont
la nature animale puisse être douée, savoir le sentiment
et l'intelligence », et il dressa pour la série animale
l'échelle que voici (2) :

(1) *Histoire naturelle des animaux sans vertèbres*, I ; p. 360.
(2) *Ibidem* ; p. 381.

DISTRIBUTION GÉNÉRALE ET DIVISIONS PRIMAIRES
DES ANIMAUX

I. Animaux apathiques.

1. Les Infusoires.
2. Les Polypes.
3. Les Radiaires.
4. Les Vers.
   (Épizoaires).

Ils ne sentent point, et ne se meuvent que par leur irritabilité excitée.

Caract. Point de cerveau, ni de masse médullaire allongée ; point de sens ; formes variées ; rarement des articulations.

II. Animaux sensibles.

5. Les Insectes.
6. Les Arachnides.
7. Les Crustacés.
8. Les Annélides.
9. Les Cirrhipèdes.
10. Les Mollusques.

Ils sentent, mais n'obtiennent de leurs sensations que des *perceptions* des objets, espèces d'idées simples qu'ils ne peuvent combiner entr'elles pour en obtenir de complexes.

Caract. Point de colonne vertébrale ; un cerveau et le plus souvent une masse médullaire allongée ; quelques sens distincts ; les organes du mouvement attachés sous la peau ; forme symétrique par des parties paires.

III. Animaux intelligents.

11. Les Poissons.
12. Les Reptiles.
13. Les Oiseaux.
14. Les Mammifères.

Ils sentent ; acquièrent des idées conservables ; exécutent des opérations entre ces idées, qui leur en fournissent d'autres ; et sont intelligents dans différents degrés.

Caract. Une colonne vertébrale ; un cerveau et une moelle épinière ; des sens distincts ; les organes du mouvement fixés sur les parties d'un squelette intérieur ; forme symétrique par des parties paires.

Cette échelle animale, sur laquelle Lamarck donne, ailleurs, des détails scientifiques beaucoup plus explicites (1) et qui ne cessa jamais de faire l'objet de ses méditations, avait principalement, dans sa pensée, une valeur didactique ; il la considérait comme un artifice logique, comme un grand instrument pédagogique, comme une sorte de tableau synoptique, dont on devait faire usage dans les ouvrages et dans les cours, « pour caractériser, distinguer et faire connaître les animaux observés », et pour résumer, dans une intense condensation, les connaissances acquises « sur la progression des différentes organisations animales, considérées chacune dans l'ensemble de leurs parties, en s'aidant des préceptes qu'il avait proposés » (2).

Mais, simultanément, comme nous le montrerons ensuite, Lamarck se proposa de dresser une échelle des animaux, conformément à leur ordre présumé de formation (3), persuadé qu'il était que « la nature n'opérant rien que graduellement, et, par cela même, n'ayant pu produire les animaux que successivement, a, évidemment, procédé, dans cette production, du plus simple vers le plus composé. »

Cette tentative était prématurée à une époque où la paléontologie naissait à peine ; néanmoins, jointe à ses autres travaux biotaxiques, elle contribue à faire de Lamarck le continuateur immédiat d'Aristote et de Linné et l'instituteur définitif de la série animale, dont la notion et l'usage ont si puissamment secondé les recherches et les découvertes biologiques du xixe siècle.

(1) *Philosophie zoologique,* chap. VI : Dégradation et simplification de l'organisation d'une extrémité à l'autre de la chaîne animale, en procédant du plus composé vers le plus simple.

(2) *Histoire naturelle des animaux sans vertèbres,* I ; p. 461.

(3) *Philosophie zoologique,* 1re partie, chap. VIII, et *Histoire naturelle des animaux sans vertèbres,* I ; pp. 376 et 457.

Physiologie générale.

Lamarck n'a pas illuminé le domaine de la physiologie moins profondément que celui de la philosophie anatomique.

En physiologie générale, mieux inspiré que ses contemporains qui plaçaient le principal foyer de la chaleur animale dans l'appareil respiratoire et la faisaient résulter de la combinaison de l'air avec le sang dans les poumons, il considérait que la véritable source de ce phénomène devait être recherchée dans les combustions opérées dans l'intimité des tissus (1); en outre, il distinguait, judicieusement, comme Haller, la contractilité de la sensibilité (2); de plus, en suivant, dans ses *Considérations sur l'organisation des corps vivants*, la dégradation progressive des organes spéciaux jusqu'à leur anéantissement, et en étudiant ensuite, dans sa *Philosophie zoologique* (3), les fonctions des appareils et des organes, dans l'ensemble de la série, il a montré comment on peut déterminer rigoureusement, à l'aide de l'anatomie et de la physiologie comparées, les caractères fondamentaux de chaque appareil organique et de chaque fonction.

Enfin, Lamarck a découvert et démontré cette grande loi naturelle, qui projette, sur la sociologie et sur la morale, autant de lumière que sur la biologie, à savoir : *il n'y a pas de fonction sans organe.*

« Les facultés particulières, dit-il, sont chacune le produit d'un organe ou d'un système d'organes spécial qui les leur procure, en sorte que tout animal, en qui cet organe ou ce système d'organes n'existe pas, ne peut nullement posséder la faculté qu'il donne à ceux qui en sont munis.

(1) *Philosophie zoologique,* II ; p. 30.

(2) *Ibidem,* p. 40 et *Histoire naturelle des animaux sans vertèbres;* pp. 90 et suiv.; 229 et suiv.

(3) *Philosophie zoologique,* II ; pp. 117 et suiv.

« Partout où un organe spécial n'existe plus, la faculté à laquelle il donnait lieu cesse aussi d'exister, et, à mesure qu'un organe se dégrade et s'appauvrit, la faculté qui en résultait devient proportionnellement plus obscure et plus imparfaite » (1).

Enfin Lamarck établit que la fonction crée et développe l'organe, ou que sa désuétude est suivie d'atrophie, et que les modifications, qui se produisent chez l'individu, sont transmises et conservées par l'hérédité.

En conséquence, il formule les deux lois suivantes :

« *Première loi :* Dans tout animal qui n'a pas dépassé le terme de ses développements, l'emploi plus fréquent et soutenu d'un organe quelconque, fortifie peu à peu cet organe, le développe, l'agrandit et lui donne une puissance proportionnée à la durée de cet emploi ; tandis que le défaut constant d'usage de tel organe, l'affaiblit insensiblement, le détériore, diminue progressivement ses facultés et finit par le faire disparaître.

« *Deuxième loi :* Tout ce que la nature a fait acquérir ou perdre aux individus, par l'influence des circonstances où leur vie se trouve depuis longtemps exposée, et, par conséquent, par l'influence de l'emploi prédominant d'un organe ou par celle d'un défaut constant d'usage de telle partie, elle le conserve, par la génération, aux nouveaux individus qui en proviennent, pourvu que les changements acquis soient communs aux deux sexes ou à ceux qui ont produit ces nouveaux individus » (2).

Lamarck attachait, avec un légitime orgueil, un prix tout particulier à la découverte de ces lois ; il disait de la première :

« En considérant l'importance de cette loi et les lu-

(1) *Philosophie zoologique,* vol. I ; pp. 217 et 218.
(2) *Ibidem,* p. 235 et *Histoire naturelle des animaux sans vertèbres,* I ; pp. 181 et suiv.

mières qu'elle répand sur les causes qui ont amené l'étonnante diversité des animaux, je tiens plus à l'avoir reconnue et déterminée le premier, qu'à la satisfaction d'avoir formé des classes, des ordres, beaucoup de genres et quantité d'espèces, en m'occupant de l'art des distinctions, art qui fait presque l'unique objet des études des autres zoologistes » (1).

Physiologie spéciale du système nerveux périphérique et du système nerveux central.

Dans cette région supérieure, délicate et complexe, de la biologie, dont l'exploration scientifique commençait à peine au temps où vivait Lamarck, aucune découverte essentielle n'est propre à ce grand homme. Cependant il n'est pas impossible qu'il en ait inspiré et préparé quelques-unes, par les hypothèses magistrales qu'il émit.

En effet, convaincu qu'il n'y a pas de fonction sans organe et se basant sur une analyse très sagace des faits physiologiques, il eut le pressentiment des fonctions du grand sympathique (2); il distingua formellement les nerfs moteurs des nerfs sensitifs, avant que la vérification anatomique de cette distinction fût faite (3).

« Qu'importe, disait-il, que les différents systèmes de nerfs particuliers, que je viens de citer, ne soient pas susceptibles d'être distingués les uns des autres anatomiquement, si les résultats de leurs fonctions les distinguent constamment et constatent leur indépendance » (4).

Il soupçonna le rôle que joue la moelle épinière, comme centre de coordination des actes réflexes (5) et fut per-

(1) *Histoire naturelle des animaux sans vertèbres*, I ; p. 191.
(2) *Ibidem*, I ; pp. 228 et 230.
(3) *Philosophie zoologique*, 1809, II ; pp. 185, 188 et 240. La publication des mémorables travaux de Charles Bell, sur le même sujet, ne date réellement que de 1826.
(4) *Histoire naturelle des animaux sans vertèbres*, I ; pp. 209 et 223.
(5) *Philosophie zoologique*, II ; p. 181.

suadé que, suivant la pittoresque expression de Pierre Laffitte, le cerveau est un grand seigneur qui ne donne pas audience à tout le monde.

En résumé, il professait — ce qui n'était pas commun de son temps, même parmi les naturalistes — que les fonctions du système nerveux sont :

« 1º De provoquer l'action des muscles ;

« 2º de donner lieu au sentiment, c'est-à-dire aux sensations qui le constituent ;

« 3º de produire les émotions du sentiment intérieur ;

« 4º enfin d'effectuer la formation des idées, des jugements, des pensées, de l'imagination, de la mémoire, etc. » (1).

Avec Cabanis, Lamarck admettait, en effet, que « les deux grandes modifications de notre existence, qu'on nomme le physique et le moral, et qui offrent deux ordres de phénomènes, si séparés en apparence, ont leur base commune dans l'organisation » (2).

Pour lui, « le physique et le moral ont une source commune ; les idées, la pensée, l'imagination même ne sont que des phénomènes de la nature, et conséquemment que de véritables faits d'organisation » (3).

« On ne saurait douter, maintenant, que les actes d'intelligence ne soient uniquement des faits d'organisation, puisque, dans l'homme même qui tient de si près aux animaux par la sienne, il est reconnu que des dérangements dans les organes qui produisent ces actes, en entraînent dans la production des actes dont il s'agit et dans la nature même de leurs résultats » (4).

Lamarck niait donc qu'il y eût, dans la source origi-

---

(1) *Philosophie zoologique*, II ; p. 184.

(2) *Ibidem*, I ; p. 353, et *Histoire naturelle des animaux sans vertèbres* ; p. 222.

(3) *Philosophie zoologique*, II ; p. 162.

(4) *Ibidem* ; p. 162.

nelle des facultés intellectuelles et morales « quelque chose de métaphysique, quelque chose qui soit étranger à la matière » (1).

« Quel est, demandait-il, cet être particulier qu'on nomme esprit et qui est, dit-on, en rapport avec les actes du cerveau, de manière que les fonctions de cet organe sont d'un autre ordre que celles des autres organes de l'individu ? »

« Je ne vois, dans cet être factice, dont la nature ne m'offre aucun modèle, qu'un moyen imaginé pour résoudre des difficultés que l'on n'avait pu lever, faute d'avoir étudié suffisamment les lois de la nature » (2).

Bref, Lamarck soutenait, avec Gall : que les facultés intellectuelles et morales ont un siège organique ; que ce siège est le cerveau ; que le développement de ces facultés correspond à celui de l'appareil dans lequel elles résident (3) ; que cet appareil n'est pas simple et que ces facultés elles-mêmes sont multiples (4).

Enfin, comme le grand biologiste, dont je viens de rappeler le nom et dont le génie fut aussi d'abord méconnu, Lamarck entreprit l'analyse des facultés intellectuelles et morales ; il les a décomposées en trois grands groupes distincts : le sentiment, l'intelligence, la volonté, et, procédant à une étude plus approfondie du premier, attendu que, dans le domaine du moraliste, une part importante revient au naturaliste (5), il montrait que, du penchant fondamental à la conservation, dérivent, naturellement : le penchant à la reproduction ; la tendance vers le bien-être ; l'amour de soi-même ; le penchant à

(1) *Histoire naturelle des animaux sans vertèbres*, I ; p. 222.
(2) *Philosophie zoologique*, II ; p. 158.
(3) *Histoire naturelle des animaux sans vertèbres*, I ; pp. 208, 211, 225, 237.
(4) *Ibidem*, pp. 224, 230, 236.
(5) *Ibidem* ; p. 231.

dominer (1), et que la diversité des hommes provient
surtout des différences qui existent entre eux, sous le
rapport de la naissance, de la constitution physique, de
l'âge, de l'éducation, des habitudes, des occupations, de
la fortune, de la situation sociale (2).

Avec une admirable clairvoyance, Lamarck a même
nettement aperçu le danger que présente le développement intellectuel, à l'exclusion du développement
moral :

« Plus l'intelligence est développée dans un individu,
disait-il, plus il en obtient de moyens, et plus, en général,
il en profite pour se livrer avec succès à ses penchants....
Sous certains rapports, l'intelligence très développée
fournit à ceux qui la possèdent de grands moyens pour
abuser, dominer, maîtriser, et, trop souvent, pour oppri-
mer les autres, ce qui semble rendre cette faculté plus
nuisible qu'utile au bonheur général de toute société » (3).

Donc, dans toutes les branches de la physiologie, aussi
bien que dans l'anatomie, Lamarck a laissé des traces de
sa rare supériorité.

Pourtant, toutes ces belles études, toutes ces grandes
découvertes de philosophie biologique, que nous avons
passées en revue dans les pages précédentes, ne sont pas
celles qui ont contribué le plus à la gloire de Lamarck ;
ce ne sont pas celles qui lui assureront le mieux l'immor-
talité. Son génie devait s'élever plus haut encore ; car
dans un audacieux effort, il embrassa la nature vivante,
dans l'immense étendue des temps écoulés, et pénétra le
secret de son infinie diversité, de ses modifications incessantes et de son développement continu.

(1) *Histoire naturelle des animaux sans vertèbres*, I; p. 270 et suiv.
(2) *Ibidem* ; p. 298.
(3) *Ibidem* ; p. 300.

Théorie des milieux et de la modificabilité.
Généalogie des animaux et de l'homme.

Depuis que la vie est objectivement étudiée, à l'aide de l'observation et de l'expérience, personne ne doute plus que ce phénomène soit, d'une manière générale, rigoureusement subordonné au milieu dans lequel les êtres qui le présentent se trouvent placés et que les fonctions les plus essentielles de ceux-ci soient l'expression d'un mode particulier de relation de leur organisme avec le monde extérieur.

Mais ce grand fait biologique était beaucoup moins incontesté du temps de Lamarck, où la métaphysique, dont cet observateur de génie n'avait pas, lui-même, complètement secoué le joug, était encore triomphante et troublait toujours les conceptions les plus claires.

En démontrant, avec insistance, que la connaissance de la constitution propre des êtres vivants ne suffit pas pour l'intelligence de leur nature, et qu'il faut, de plus, tenir grand compte de l'influence qu'exercent sur eux la température, l'humidité, la lumière, l'électricité, le climat, l'altitude, la composition chimique de l'atmosphère, la nourriture, les habitudes, le genre de vie qui leur est imposé, c'est-à-dire l'ensemble des circonstances dans lesquelles ils naissent et se développent, Lamarck eut donc le rare mérite de compléter la biologie, en lui assignant comme nouvel objet de recherches, après l'anatomie et la physiologie, l'étude des milieux ; il est, en réalité, l'instituteur définitif de cet important problème.

L'étude des milieux présente même, à ses yeux, un intérêt majeur; car il la pousse jusqu'à concevoir que les

conditions physico-chimiques ont suffi pour déterminer,
dans le sein des eaux, la formation de masses de matière,
d'une consistance gélatineuse ou mucilagineuse, dans
lesquelles la vie a trouvé ses premiers éléments d'organisation (1) et que « la nature, à l'aide de la chaleur, de
la lumière, de l'électricité et de l'humidité, forme des
générations spontanées ou directes, à l'extrémité de
chaque règne des corps vivants, où se trouvent les plus
simples de ces corps » (2).

S'appuyant sur ce que l'incubation des œufs, la germi-
nation et la végétation des plantes, la vie de certains
animaux, peuvent être suspendues, puis réveillées, par
des modifications circonscrites à la température ambiante,
Lamarck attribue, en outre, à la chaleur et à l'électricité
combinées, le privilège d'exciter, d'une manière toute
spéciale, les phénomènes vitaux (3).

Certes, ce rôle de *stimulus*, qu'il attribue à l'électricité, constituait en 1809 et a constitué jusqu'au début du
xx° siècle, une affirmation sans preuves ; mais il n'en est
plus absolument de même aujourd'hui, depuis que
M. Delage a entrepris ses curieuses recherches sur la
parthogénèse expérimentale et depuis qu'il a obtenu des
larves, parfaitement viables, en soumettant des œufs
d'oursins, non fécondés, uniquement à des charges
électriques méthodiques.

* *

Quoi qu'il en soit, s'appropriant, développant, géné-
ralisant et systématisant les idées émises déjà par Hippo-
crate dans le traité *Des airs, des eaux et des lieux*, par

(1) *Philosophie zoologique*, II; p. 79.
(2) *Ibidem*, p. 75.
(3) *Ibidem.*, II° partie; chap. III. *De la cause excitatrice des mouvements organiques.*

son maître Buffon dans l'*Histoire naturelle des animaux*, par Montesquieu dans l'*Esprit des Lois*, par Cabanis dans *Les Rapports du physique et du moral de l'homme* (1), Lamarck aboutit à cette théorie capitale :

« 1° que tout changement un peu considérable et ensuite maintenu, dans les circonstances où se trouve chaque race d'animaux, opère en elle un changement réel dans leurs besoins ;

« 2° que tout changement dans les besoins des animaux nécessite pour eux d'autres actions pour satisfaire aux nouveaux besoins et, par suite, d'autres habitudes ;

« 3° que tout nouveau besoin, nécessitant de nouvelles actions pour y satisfaire, exige de l'animal qui l'éprouve, soit l'emploi plus fréquent de telle de ses parties dont auparavant il faisait moins d'usage et qui la développe et l'agrandit considérablement, soit l'emploi de nouvelles parties que les besoins font naître insensiblement en lui par des efforts de son sentiment intérieur » (2) ;

enfin que les résultats, acquis dans l'un et l'autre cas, sont fixés, dans la race, par l'hérédité.

Bref, Lamarck traça, d'une main magistrale, le plan de toute la théorie de l'évolution des êtres organisés que ses prédécesseurs avaient simplement ébauché, d'une manière incidente.

Dès 1801, dans l'appendice *sur les fossiles*, joint au *Système des animaux sans vertèbres*, il en énonce claire-

_____

(1) A ce dernier point de vue, le docteur Georges Hervé, professeur à l'École d'anthropologie de Paris, a publié, sous le titre : *Un transformiste oublié : Cabanis*, une très remarquable étude, dans le *Bulletin scientifique de la France et de la Belgique* du 25 juillet 1905.

(2) *Philosophie zoologique*, I, p. 234, et *Histoire naturelle des animaux sans vertèbres*, I, p. 181.

ment et avec concision la conception générale, en disant :

« Tout, à la surface de la terre, change de situation, de forme et d'aspect.

« Or si, comme j'essaierai de le faire voir ailleurs, la diversité des circonstances amène, pour les êtres vivants, une diversité d'habitudes, un mode différent d'exister, et, par suite, des modifications ou des développements dans leurs organes et dans la forme de leurs parties, on doit sentir qu'insensiblement tout être vivant quelconque doit varier dans son organisation et dans ses formes. On doit encore sentir que toutes les modifications qu'il éprouvera dans son organisation et dans ses formes, par suite des circonstances qui auront influé sur cet être, se propageront par la génération, et qu'après une longue suite de siècles, non seulement il aura pu se former de nouvelles espèces, de nouveaux genres et même de nouveaux ordres, mais que chaque espèce aura même varié nécessairement dans son organisation et dans ses formes » (1).

L'évolution organique, telle que la conçoit Lamarck, résulte donc de l'influence combinée des variations du milieu, de la loi de l'exercice et du perfectionnement des organes, et de la loi de l'hérédité ; il en formule la théorie définitive dans la *Philosophie zoologique*, notamment dans le chapitre VII de la première partie de cet ouvrage, qu'il consacre à l'étude de l'*influence des circonstances sur les actions et les habitudes des animaux, et de celle des actions et des habitudes de ces corps vivants, comme causes qui modifient leur organisation et leurs parties*, chapitre qui contient non seulement la théorie des milieux et de la modificabilité, mais aussi les germes de

(1) P. 409.

la théorie de la concurrence vitale (1) et de la sélection naturelle.

Il y précise le sens qu'il attache à ces expressions :

« Les circonstances influent sur la forme de l'organisation des animaux ; c'est-à-dire qu'en devenant très différentes, elles changent, avec le temps, et cette forme et l'organisation elle-même par des modifications proportionnées.

« Assurément, dit-il, si l'on prenait ces expressions à la lettre, on m'attribuerait une erreur ; car, quelles que puissent être les circonstances, elles n'opèrent directement sur la forme et sur l'organisation des animaux aucune modification quelconque.

« Mais de grands changements dans les circonstances amènent pour les animaux de grands changements dans leurs besoins et de pareils changements dans les besoins en amènent nécessairement dans les actions. Or, si les nouveaux besoins deviennent constants ou très durables, les animaux prennent alors de nouvelles habitudes, qui sont aussi durables que les besoins qui les ont fait naître. Voilà ce qu'il est facile de démontrer et même ce qui n'exige aucune explication pour être senti » (2).

De grands changements de circonstances produisent de même de grandes différences chez les végétaux et finissent aussi par les rendre méconnaissables.

Le froment cultivé, les plantes potagères sont des êtres qu'on chercherait vainement dans la nature, de même que l'infinie variété de pigeons, de poules, de chiens et d'autres animaux, que l'homme a produits, à l'aide d'une longue domesticité (3).

(1) Voir en outre : *Ante,* chap. IV; p. 113, et seconde partie, chap. II; pp. 341 et suivantes.

(2) Vol. I; p. 223.

(3) *Ibidem,* p. 228.

Pour toutes ces raisons, Lamarck aboutit à cette conclusion :

« Le fait est que les divers animaux ont chacun, suivant leur genre et leur espèce, des habitudes particulières et toujours une organisation qui se trouve parfaitement en rapport avec ces habitudes.

« De la considération de ce fait, il semble qu'on soit libre d'admettre, soit l'une, soit l'autre des deux conclusions suivantes et qu'aucune d'elles ne puisse être prouvée.

« *Conclusion admise jusqu'à ce jour :* la nature (ou son Auteur), en créant les animaux, a prévu toutes les sortes possibles de circonstances dans lesquelles ils auraient à vivre, et a donné à chaque espèce une organisation constante, ainsi qu'une forme déterminée et invariable dans ses parties, qui forcent chaque espèce à vivre dans les lieux et les climats où on la trouve et à y conserver les habitudes qu'on lui connaît.

« Ma *conclusion particulière :* la nature, en produisant successivement toutes les espèces d'animaux et commençant par les plus imparfaits ou les plus simples, pour terminer son ouvrage par les plus parfaits, a compliqué graduellement leur organisation, et ces animaux, se répandant généralement dans toutes les régions habitables du globe, chaque espèce a reçu de l'influence des circonstances dans lesquelles elle s'est rencontrée, les habitudes que nous lui connaissons et les modifications dans ses parties que l'observation nous montre en elle.

« La première de ces deux conclusions est celle qu'on a tirée jusqu'à présent, c'est-à-dire que c'est à peu près celle de tout le monde : elle suppose, dans chaque animal, une organisation constante et des parties qui n'ont jamais varié et qui ne varient jamais ; elle suppose encore que les circonstances des lieux qu'habite chaque espèce d'animal ne varient jamais dans ces lieux ; car, si elles variaient, les mêmes animaux n'y pourraient plus vivre et la possibilité d'en retrouver ailleurs de semblables et de s'y transporter pourrait leur être interdite.

« La seconde conclusion est la mienne propre : elle suppose que, par l'influence des circonstances sur les habitudes et qu'ensuite par celle des habitudes sur l'état des parties et même sur celui de l'organisation, chaque animal peut recevoir dans ses parties et son organisation des modifications susceptibles de devenir très considérables et d'avoir donné lieu à l'état où nous trouvons tous les animaux.

« Pour établir que cette seconde conclusion est sans fondement, il faut d'abord prouver que chaque point de la surface du globe ne varie jamais dans sa nature, son exposition, sa situation élevée ou enfoncée, son climat, etc., etc... ; et prouver ensuite qu'aucune partie des animaux ne subit, même à la suite de beaucoup de temps, aucune modification par le changement des circonstances et par la nécessité qui les contraint à un autre genre de vie et d'action que celui qui leur était habituel.

« Or, si un seul fait constate qu'un animal depuis longtemps en domesticité diffère de l'espèce sauvage dont il est provenu, et si, parmi telle espèce en domesticité, l'on trouve une grande différence de conformation entre les individus que l'on a soumis à telle habitude et ceux que l'on a contraints à des habitudes différentes, alors il sera certain que la première conclusion n'est point conforme aux lois de la nature et qu'au contraire la seconde est parfaitement d'accord avec elles.

« Tout concourt donc à prouver mon assertion : que ce n'est point la forme, soit du corps, soit de ses parties, qui donne lieu aux habitudes et à la manière de vivre des animaux, mais que ce sont, au contraire, les habitudes, la manière de vivre, et toutes les autres circonstances influentes qui ont, avec le temps, constitué la forme du corps et des parties des animaux. Avec de nouvelles formes, de nouvelles facultés ont été acquises, et, peu à peu, la nature est parvenue à former les animaux tels que nous les voyons actuellement » (1).

En résumé, les variations du milieu, les modifications qu'elles provoquent dans les besoins et dans les organes des êtres vivants, l'hérédité qui fixe et accumule graduellement dans les générations qui se succèdent, sous un même régime, les changements que subissent les individus, le temps enfin, tels sont les arguments invoqués par Lamarck pour affirmer et expliquer l'évolution organique.

En ce qui concerne le dernier de ces facteurs convergents, il pressent l'immense durée des temps géologiques, que la science a dévoilée, ultérieurement, car il met le sceau à sa *Philosophie zoologique* en écrivant :

« Parmi les changements que la nature exécute sans cesse dans toutes ses parties, sans exception, son ensemble et ses lois restant toujours les mêmes, ceux de ces changements qui, pour s'opérer, n'exigent pas beaucoup plus de temps que la durée de la vie humaine, sont facilement reconnus de l'homme qui les observe ; mais il ne saurait s'apercevoir de ceux qui ne s'exécutent qu'à la suite d'un temps considérable.

« Que l'on me permette la supposition suivante pour me faire entendre.

« Si la durée de la vie humaine ne s'étendait qu'à la durée d'une seconde, et s'il existait une de nos pendules actuelles, montée et en mouvement, chaque individu de

____

(1) *Philosophie zoologique :* I ; pp. 263 et suiv.

notre espèce qui considèrerait l'aiguille des heures de cette pendule ne la verrait jamais changer de place dans le cours de sa vie, quoique cette aiguille ne soit réellement pas stationnaire.

« Les observations de trente générations n'apprendraient rien de bien évident sur le déplacement de cette aiguille, car son mouvement n'étant que celui qui s'opère pendant une demi-minute, serait trop peu de chose pour être bien saisi ; et si des observations beaucoup plus anciennes apprenaient que cette même aiguille a réellement changé de place, ceux qui en verraient l'énoncé n'y croiraient pas et supposeraient quelque erreur, chacun ayant toujours vu l'aiguille sur le même point du cadran » (1).

Sous l'empire de toutes ces idées, continuel objet de ses méditations et de ses travaux scientifiques, Lamarck se sépare résolument des partisans de la fixité des espèces ; il se déclare « très convaincu que les races, auxquelles on a donné le nom d'espèces, n'ont, dans leurs caractères, qu'une constance bornée ou temporaire, et qu'il n'y a aucune espèce qui soit d'une constance absolue » (2).

.*.

C'est pourquoi Lamarck s'efforça de débrouiller l'inextricable écheveau des liens généalogiques, plus ou moins éloignés, qui rattachent, les uns aux autres, les espèces actuelles, en partant de ce principe, maintes fois énoncé par lui, que l' « ordre de la formation successive des différents animaux ne saurait être maintenant contesté » (3), et que les animaux dérivent les unes des autres, principe

---

(1) *Philosophie zoologique* : vol. II ; p. 425.
(2) *Histoire naturelle des animaux sans vertèbres* : Introduction, p. 197.
(3) *Histoire naturelle des animaux sans vertèbres*, I ; p. 454.

qu'il érigea, d'une manière définitive, en axiôme zoologique, dans les termes ci-dessous :

« La nature, dans toutes ses opérations, ne pouvant
procéder que graduellement, n'a pu produire tous les
animaux à la fois ; elle n'a d'abord formé que les plus
simples ; et, passant de ceux-ci jusques aux plus composés, elle a établi successivement en eux différents systèmes d'organes particuliers, les a multipliés, en a
augmenté de plus en plus l'énergie, et, les cumulant dans
les plus parfaits, elle a fait exister tous les animaux connus avec l'organisation et les facultés que nous leur
observons » (1).

Lamarck fut, de la sorte, logiquement conduit à re-
chercher l'ordre de production des animaux et à les
classer suivant cet ordre supposé, en constituant une
série distincte de la série didactique que nous avons
précédemment signalée, en rappelant ses travaux biotaxiques.

« Cet ordre, dit-il, est loin d'être simple ; il est ra-
meux et paraît même composé de plusieurs séries
distinctes » (2), présentant elles-mêmes des rameaux latéraux (3).

Dans tous les cas, Lamarck admit au moins deux
séries particulières, et, conformément à cette vue, il
dressa l'arbre généalogique des animaux, une première
fois, dans sa *Philosophie zoologique* (4), et en dernier lieu,
dans son *Histoire naturelle des animaux sans vertèbres,* dont le premier volume est complété par un
Supplément à la distribution générale des animaux, concernant l'ordre réel de formation relatif à ces êtres (5),

(1) *Ibidem,* p. 123 et ante, pp. 193, 304 et suiv.
(2) *Ibidem,* I ; p. 452.
(3) *Ibidem,* p. 454, et *Philosophie zoologique,* I ; p. 76.
(4) Vol. II ; p. 424.
(5) Pp. 450 et suiv.

exposée dans l'introduction de cet ouvrage. C'est ce dernier tableau que je reproduis ici.

**Ordre présumé de la formation des animaux offrant
deux séries séparées, subrameuses.**

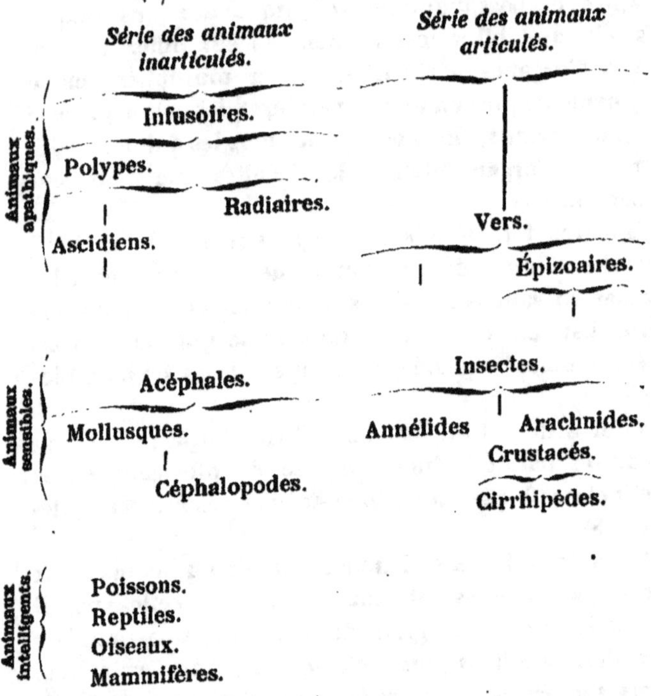

Lamarck ne se faisait pas d'illusion sur l'insuffisance,
les lacunes, les erreurs même de ce tableau dans lequel
il se borne à condenser les vues émises, dans ses ouvrages, sur la filiation générale des animaux ; il recon-
naissait que, faute d'observations, de nombreux éléments
de transition lui manquaient et que, sans doute, ces
problèmes resteraient encore longtemps sans solution.

L'aspect matériel, sous lequel l'arbre généalogique se

présentait, ne le satisfaisait même pas ; il considérait qu'il défigurait légèrement l'idée qu'il avait voulu rendre (1) et regrettait que les convenances typographiques ne lui eussent pas permis d'employer la forme ramifiée, maintenant usitée dans tous les ouvrages de ce genre ; il eût préféré donner une direction oblique aux lignes indicatrices des branches latérales des séries.

Néanmoins, il proclamait que tous ces défauts n'altéraient nullement le principe de la production successive des différents animaux, et, tirant de ce principe toutes les conséquences qu'il comporte, il posa nettement, malgré quelques réserves dénuées de conviction, le problème de l'origine, purement animale et simienne, de l'homme (2), en montrant, par hypothèse, comment une race d'anthropoïdes pourrait progressivement acquérir tous les caractères d'organisation qui distinguent, aujourd'hui, l'homme des quadrumanes.

* *

Toutes les grandes questions de philosophie biologique qui passionnent encore l'esprit des savants progressistes, ou que la science a, depuis, élucidées, ont donc été résolument abordées par Lamarck. C'est à juste titre que la postérité le considère comme le véritable fondateur de la doctrine générale de l'évolution, à laquelle on a, tout d'abord, improprement donné le nom de transformisme.

(1) *Histoire naturelle des animaux sans vertèbres* ; p. 460.

(2) *Philosophie zoologique*, I, pp. 339 et suiv. *Quelques observations relatives à l'homme.*

IV

Appréciation des théories philosophiques de Lamarck.

Ainsi que je l'ai signalé dans la partie de cette étude consacrée à la biographie de Lamarck, sa vaste théorie des milieux biologiques et de leur influence modificatrice, permanente, ne fut pas favorablement accueillie, de son vivant ; il eût même le chagrin de la voir plutôt dénigrée que discutée.

La cause d'un pareil échec ne doit pas être seulement attribuée à la résistance aveugle des esprits indolents et vulgaires à toutes les découvertes originales qui les obligent à modifier la manière de penser à laquelle ils sont accoutumés ; elle doit encore être recherchée dans la forme même adoptée par Lamarck pour l'exposition de ses conceptions géniales.

Trop souvent, ces conceptions ont un vêtement métaphysique ; elles sont formulées comme des affirmations arbitraires ; elles semblent émaner d'une inspiration personnelle et sont parfois même appuyées par des explications fantaisistes. Bref, elles n'ont pas la rigueur des démonstrations scientifiques, dont les preuves et la conclusion s'imposent à tous les hommes de bonne foi.

Cependant, les idées de Lamarck n'avaient pas des racines imaginaires ; elles reposaient, extérieurement, sur une immense collection de matériaux concrets, accumulés par lui, et, dans sa tête même, sur une multitude prodigieuse d'observations précises et minutieuses, faites et fréquemment renouvelées, dans le cours de sa longue carrière de naturaliste.

« Ceux qui ont beaucoup observé, écrivait-il, et qui ont consulté les grandes collections, ont pu se convaincre

que si les circonstances d'habitation, d'exposition, de
climat, de nourriture, d'habitude de vivre, etc.... vien-
nent à changer, les caractères de taille, de forme, de
proportion entre les parties, de couleur, de consistance,
d'agilité et d'industrie, pour les animaux, changent proportionnellement » (1).

Et plus tard :

« Que l'on veuille se représenter qu'ayant rassemblé
sur l'important sujet, dont je m'occupe depuis quarante
ans, les faits les plus nombreux et surtout les plus essentiels, il est résulté pour moi, de leur considération, cette
force des choses qui m'a conduit à découvrir et à coordon-
ner peu à peu la théorie que je présente actuellement,
théorie que je n'eusse assurément pu imaginer sans les
causes qui m'ont amené à la saisir » (2).

La conviction de Lamarck résultait donc d'une immense induction ; elle lui fut pour ainsi dire imposée
par la nature de ses études, par ses travaux de détermination, de classification, de nomenclature, qui lui révé-
lèrent les inconvénients et l'irrationnalité de la multipli-
cation des genres, inconvénients devenus tels que, disait-
il, « le plus bel effort de l'homme pour établir les moyens
de reconnaître et distinguer tout ce que la nature offre,
à son observation, et à son usage, est changé en un
dédale immense dans lequel on tremble avec raison de
s'enfoncer » (3).

Toutefois, l'idée de la modificabilité lui avait surtout
été inspirée par l'étude des Invertébrés :

« 1° parce que les espèces de ces animaux sont beaucoup
plus nombreuses que celles des animaux vertébrés ;

(1) *Philosophie zoologique*, I ; p. 227.
(2) *Histoire naturelle des animaux sans vertèbres*, vol. I, avertissement ; p. VI.
(3) *Philosophie zoologique*, I ; pp. 56, 73, 75.

2° parce qu'étant plus nombreuses, elles sont nécessairement plus variées ;

3° parce que les variations de leur organisation sont beaucoup plus grandes, plus tranchées et plus singulières ;

4° parce que leur étude est beaucoup plus propre à nous faire apercevoir l'origine même de l'organisation, ainsi que la cause de sa composition et de ses développements » (1).

Néanmoins, ce qui paraissait évident pour les yeux de Lamarck, familiarisés avec la contemplation de riches collections de matériaux conformes à ses conceptions, ne l'était pas, au même degré, pour les lecteurs de la partie philosophique de ses livres qui présente surtout le fruit de ses méditations générales sur les causes génératrices des nuances, souvent imperceptibles, qui distinguent certaines espèces d'animaux les unes des autres.

De là, l'opposition rencontrée par les théories de Lamarck, lors de leur apparition. La légitimité primitive de cette apparition ne saurait être contestée, puisqu'elle a trouvé des organes tels que Cuvier et Auguste Comte.

En raison de la nature de son esprit et de ses études, Cuvier ne pouvait être convaincu que par des preuves anatomiques et nous venons de voir que ces dernières faisaient ordinairement défaut, dans les œuvres philosophiques de Lamarck.

Quant à Comte, préoccupé de maintenir strictement toutes les sciences sur le roc des faits démontrables et de chasser de leur domaine toutes les hypothèses invérifiables, il ne pouvait, pour des raisons analogues, adopter que partiellement la doctrine de Lamarck.

(1) *Philosophie zoologique*, I; p. 30.

Il admit comme incontestables les deux principes fondamentaux de Lamarck :

« 1° l'aptitude essentielle d'un organisme quelconque et surtout d'un organisme animal, à se modifier conformément aux circonstances extérieures où il est placé et qui sollicitent l'exercice prédominant de tel organe spécial, correspondant à telle faculté devenue plus nécessaire ;

« 2° la tendance, non moins certaine, à fixer dans les races, par la seule transmission héréditaire, les modifications d'abord directes et individuelles, de manière à les augmenter graduellement, à chaque génération nouvelle, si l'action du milieu ambiant persévère identiquement » (1).

Il considéra que Lamarck avait rendu un service éminent au progrès général de la saine philosophie biologique en posant le problème de la modificabilité : « Un tel ordre de recherches, dit-il, quoique fort négligé, constitue, sans doute, l'un des plus beaux sujets que l'état présent de cette philosophie puisse offrir à l'activité de toutes les hautes intelligences. Il devrait, ce me semble, inspirer d'autant plus d'intérêt, que les lois générales de ce genre de phénomènes seraient, par leur nature, immédiatement applicables à la vraie théorie du perfectionnement systématique des espèces vivantes, y compris même l'espèce humaine » (2).

Mais, « malgré l'imposante autorité de Lamarck » (3), il resta convaincu que « l'aptitude incontestable de tout organisme à se modifier, d'après la constitution spéciale du milieu correspondant, était circonscrite dans d'étroites limites » (4) et que non seulement les familles et les

(1) *Philosophie Positive*, vol. III ; p. 391.
(2) *Ibidem*, p. 397 et 430.
(3 et 4) *Ibidem*, p. 394.

genres, mais les espèces elles-mêmes « demeurent essentiellement fixes, à travers toutes les variations extérieures compatibles avec leur existence » (1).

Les raisons déterminantes d'Auguste Comte furent celles qu'invoquait Cuvier dans le célèbre *Discours sur les révolutions du globe*, dont il trouvait l'argumentation lumineuse ; elles se réduisent à la permanence des espèces les plus anciennement observées, constatées par la comparaison des momies de crocodiles, d'oiseaux et de carnassiers de l'ancienne Égypte, avec les espèces vivantes et la résistance des espèces actuelles aux plus grandes forces modificatrices (2).

Pendant longtemps, ces deux puissants champions de la fixité des espèces rallièrent, à leur manière de voir, l'un comme savant, l'autre comme philosophe, un très grand nombre de bons esprits qui, suivant l'usage, exagérèrent même la résistance de leurs maîtres, en opposant imprudemment leur opinion à des faits qu'ils n'avaient pas connus.

Cependant, ce furent Cuvier et Auguste Comte qui fournirent les armes les mieux trempées pour défendre la doctrine de Lamarck et pour l'arracher, victorieuse, à la mêlée des controverses : le premier, en créant la paléontologie ; le second, en systématisant la méthode scientifique, en astreignant l'esprit positif à toujours subordonner l'imagination à l'observation et à faire toujours l'hypothèse la plus simple en rapport avec les renseignements obtenus, en démontrant que, dans tous les domaines, le progrès n'est jamais que le développement de l'ordre, en introduisant enfin, avec Turgot et Condorcet, l'idée d'évolution dans l'étude de la succession des phénomènes historiques.

(1) *Philosophie Positive,* vol. III ; p. 394.
(2) *Ibidem,* p. 395, et CUVIER : *Discours sur les révolutions du globe :* les espèces perdues ne sont pas des variétés des espèces vivantes.

Sous cette double impulsion, les conditions du problème, posé par Lamarck, se sont modifiées, d'autant plus
profondément que ce proléme fut simultanément ou successivement éclairé par les observations : de Gœthe sur
la théorie vertébrale du crâne, les métamorphoses des
plantes et l'assimilation des fleurs des végétaux à leurs
feuilles ; d'Étienne Geoffroy Saint-Hilaire, sur l'unité de
plan de composition, sur l'embryologie et sur les organes
rudimentaires ; des savants divers auxquels Darwin rend
personnellement hommage, dans la notice historique
placée au frontispice de son livre sur *L'Origine des
Espèces ;* de Darwin enfin, sur la variation des espèces à
l'état domestique et à l'état de nature, sur la concurrence
vitale et la sélection naturelle.

Depuis les travaux de ce dernier auteur et les innombrables recherches concordantes qu'ils ont suscitées, la
stabilité des espèces a réellement cessé d'être l'hypothèse
la plus conforme à l'ensemble des observations recueillies,
et la grande construction de Lamarck, dont l'audacieuse
architecture semblait d'abord si frêle et si menacée,
apparait, aujourd'hui, comme un monument scientifique d'une rare solidité ; car elle est étayée par les faits
paléontologiques, par l'embryologie et par l'anatomie
comparée.

Confirmation des théories de Lamarck par les faits paléontologiques.

En premier lieu, la paléontologie, dans l'état de développement qu'elle a maintenant atteint, démontre, comme
Lamarck l'avait pressenti, que les espèces organisées ont
fait leur apparition sur la terre, successivement, dans un
ordre de complication croissante.

Évidemment, la paléontologie ne nous renseigne pas
sur les origines mêmes de la vie, sur notre globe. Le terrain *cristallophyllien,* dont la formation sédimentaire

n'est plus contestée et qui provient des premiers dépôts vaseux, sablonneux et calcaires, effectués au sein des Océans, ne renferme aucune trace d'êtres organisés, tandis que les fossiles, qu'on trouve dans les terrains postérieurs qui lui sont immédiatement contigus, révèlent une faune, déjà riche et variée, dont l'organisation est souvent très éloignée de celle des êtres primitifs.

Toutefois, cette anomalie n'est pas surprenante. Sous la pression colossale et toujours croissante des autres terrains, auxquels ils servent de support, les terrains Archéens se sont graduellement affaissés et de plus en plus rapprochés de la partie de la croûte terrestre qui conserve une très haute température ; au voisinage de ce foyer, ils se sont transformés, métamorphosés en roches cristallines, très semblables aux roches d'origine *ignée*, et tous les fossiles qu'ils pouvaient contenir ont été, de la sorte, anéantis.

Mais lorsque, quittant cet étage stérilisé, on s'élève, par degrés, jusqu'à la superficie actuelle de la terre, au travers des couches de plusieurs kilomètres d'épaisseur qui se sont, tour à tour, superposées à lui, dans la longue suite des âges, on assiste, pour ainsi dire, à l'épanouissement successif de tout ce qui devait constituer, à la fin, la multitude contemporaine du monde vivant, végétal et animal.

C'est ainsi que le terrain Cambrien renferme des représentants de la plupart des groupes d'Invertébrés. On y trouve des Foraminifères, des Spongiaires, des Polypiers, des Échinodermes, des traces de Vers, des Mollusques, même des Crustacés, voisins du genre d'animaux que représentent aujourd'hui les Limules et auxquels on a donné le nom significatif de Paradoxides ; mais aucun Vertébré n'a été découvert, jusqu'ici, dans les archives paléontologiques des temps Cambriens.

Ce dernier grand embranchement du règne animal

débute, seulement, dans le terrain Silurien, consécutif
au Cambrien, sous la forme de Poissons cartilagineux et
cuirassés, dont certains types présentent quelques analogies avec les Crustacés de l'époque antérieure.

Cette classe d'animaux se multiplie et commence à
se différencier, durant les temps où le terrain Dévonien
se dépose; mais, alors, elle reste toujours seule pour
représenter les Vertébrés et les êtres qui la forment sont
bien différents des Poissons d'aujourd'hui; leur colonne
vertébrale n'est pas ossifiée; elle est molle, comme dans
l'embryon des Vertébrés actuels, et leur corps est extérieurement recouvert de fortes écailles émaillées; ces
Poissons sont notocordaux et ganoïdes.

A l'époque permo-carbonifère, au contraire, les Poissons offrent des caractères qui révèlent leur tendance à
se rapprocher des poissons actuels, et les Reptiles
apparaissent; mais ces reptiles sont ganocéphales; leurs
vertèbres, incomplètement ossifiées, sont composées de
plusieurs pièces et ils appartiennent surtout à une classe
intermédiaire entre les Reptiles véritables et les Poissons;
ce sont des Amphibiens, qui constituent la souche primitive des Batraciens.

D'autre part, à la même époque, les Insectes, qui ne
font leur apparition que dans le Dévonien, ont atteint
de grandes dimensions et le développement d'une végétation luxuriante est attesté par une flore gigantesque
bien que tous ses éléments appartiennent, exclusivement,
au groupe des Cryptogames vasculaires.

Pendant l'ère secondaire, qui succède à l'ère primaire,
dont nous venons de traverser les principales époques,
aucune classe nouvelle d'Invertébrés n'a pris naissance;
mais l'essor des Vertébrés s'est effectué, d'une manière
prodigieuse.

Les Poissons, libérés de l'armure des ganoïdes qui dis-
parurent progressivement, doués d'une colonne verté-

brale parfaitement ossifiée et recouverts d'écailles souples, sont devenus les êtres, agiles et variés, que nous connaissons.

Les Reptiles ont conquis l'empire des mers, de la terre et des airs, avec leurs légions de formes adaptées à cha-cun de ces trois milieux; quelques-uns, parmi les reptiles terrestres, en particulier, avaient des dimensions phéno-ménales, qu'on ne peut réellement se figurer, si l'on n'a pas contemplé les squelettes mêmes de quelques *Ichtyo-saures*, du *Mosasaurus*, de l'*Iguanodon* et du *Diplo-docus*.

En outre, une classe nouvelle de Vertébrés, la classe des Oiseaux, a surgi vers le milieu des temps secon-daires. Cette classe était alors manifestement apparentée à celle des Reptiles, puisque l'*Archéoptéryx*, qui en est le premier type, a les mâchoires garnies de dents coniques, une longue queue vertébrée et pennée, les ailes termi-nées par des doigts séparés, pourvus de griffes, et que l'*Hesperornis* et l'*Ichtyornis*, contemporains de la fin des temps secondaires, ont encore, quoique beaucoup plus rapprochés de nos oiseaux actuels, les mandibules armées de dents.

Enfin, vers la même époque, des petits êtres rares et chétifs, présentant les caractères des Monotrèmes, puis ceux des Marsupiaux, annoncèrent la formation de la dernière classe des Vertébrés, celle des Mammifères.

D'ailleurs, la physionomie de la flore terrestre s'est aussi modifiée et complétée, durant l'ère secondaire. D'abord les plantes Gymnospermes sont venues s'ajouter aux végétaux vasculaires, dans le temps où se déposaient les couches du Trias; puis les Monocotylédones appa-rurent, au début des temps Jurassiques; enfin, pendant la période Crétacée, les plantes Dicotylédones angio-spermes et à feuilles caduques, se répandirent et leur présence prouve que l'alternance des saisons se substitua dès lors à l'antérieure uniformité de la température tropicale.

Lorsque l'ère tertiaire s'ouvre, tous les grands groupes de plantes sont donc formés ; les familles qui les composent ont, seulement, une répartition géographique différente de celle d'aujourd'hui. Les palmiers, les lauriers, les pandanées sont mélangés aux peupliers, aux hêtres et aux châtaigniers, dans le nord de la planète, et la flore de la Baltique est identique à celle de la Méditerranée ; mais la température moyenne s'abaisse insensiblement et les hivers se font sentir, tandis que les graminées et les diverses familles des plantes phanérogames, apétales, polypétales et gamopétales, prennent un développement considérable et se diversifient.

Ce qui distingue surtout la paléontologie de l'ère tertiaire de celle de la précédente, c'est la disparition des grands Sauriens qui caractérisaient celle-ci et l'apparition des Mammifères placentaires qui deviennent, à leur tour, les maîtres de la surface planétaire.

Au commencement, pendant l'époque Éocène, ils ne sont représentés que par des bêtes massives et stupides, de l'ordre des Pachydermes ; mais, au temps du Miocène, les Ruminants forment des troupeaux ; les Proboscidiens majestueux se répandent ; les Carnassiers se perfectionnent ; l'ordre des Primates surgit avec les singes, avec les premiers anthropoïdes, et, finalement, avec le Pithécanthrope, dont les restes ont été retrouvés dans le terrain pliocène de Java ; de telle sorte qu'à la fin de l'ère tertiaire, l'apogée du monde animal est atteint ; tous les genres actuels de Mammifères existent et la terre est peuplée des diverses sortes d'animaux qui l'habitent aujourd'hui.

En effet, les genres, seuls, se diversifient, pendant l'ère quaternaire, où se constituent, puis disparaissent, dans les régions septentrionales, le Mammouth, le Rhinocéros velu, l'Aurochs, l'Hyène, l'Ours et le Lion des cavernes, et pendant laquelle la scène changeante du monde, dont les décors et les personnages principaux se sont tant de fois renouvelés, est enfin occupée par l'homme, primitivement représenté par les races de Néanderthal et de Spy, très voisines du Pithécanthrope, auxquelles succèdent les races de Cro-Magnon et des Eysies, que les plus dédaigneux de nos contemporains ne peuvent renier comme des ancêtres authentiques.

Il résulte donc, bien manifestement, de l'étude des documents paléontologiques que l'apparition et la complication des êtres organisés, végétaux et animaux, se sont opérées graduellement. L'échelle paléontologique, végétale et animale, concorde exactement avec les échelles didactiques que les naturalistes avaient auparavant dressées, pour résumer leurs classifications et dans lesquelles on passe des êtres les plus simples aux plus complexes, quand on les parcourt de la base au sommet:

Par conséquent, c'est à juste titre qu'on divise la paléontologie en quatre époques principales :

L'époque *paléozoïque*, ou des animaux anciens, correspondant à l'ère primaire ;

L'époque *mésozoïque*, ou des animaux intermédiaires, synchronique avec l'ère secondaire ;

L'époque *caïnozoïque*, ou des animaux nouveaux, qui n'est autre que l'ère tertiaire ;

Et l'époque *anthropozoïque*, contemporaine de l'homme.

Mais ces renseignements indiscutables ne sont pas les seules lumières que la paléontologie nous fournisse sur le passé des êtres organisés; elle nous dévoile, en outre, l'immense durée du temps que représente leur histoire, durée que d'aucuns, comme Haeckel, évaluent, d'après

l'épaisseur des terrains sédimentaires, à cent millions
d'années, répartis de la manière suivantes (1)

Époque archéozoïque　　: 52　millions d'ans ;
　　　»　paléozoïque　　: 34　　　　　　»
　　　»　mésozoïque　　: 11　　　　　　»
　　　»　caïnozoïque　　: 3　　　　　　»
　　　»　anthropozoïque : 0,1　　　　　»

Enfin, la paléontologie nous autorise à supposer qu'il
existe, entre les êtres les plus récents et les plus anciens,
une liaison continue et que ceux-ci dérivent de ceux-là.

Car, à de très rares exceptions près, ces êtres ont
varié perpétuellement, et bien que leurs variations se
soient, généralement, produites avec une extrême lenteur, leurs diverses espèces connues sont, dès maintenant, innombrables ; de plus, les découvertes les multi-
plient sans cesse, et nous ne pouvons nous flatter de les
posséder toutes.

Pour nier la filiation qui existe entre ces légions
d'espèces, il faudrait admettre qu'elles ont été successivement créées, dans leur intégrité respective. C'est ce que
Cuvier a plus ou moins nettement formulé, lorsque,
grâce à lui, la paléontologie prenait naissance ; il suppo-
sait alors que trois créations successives, séparées les
unes des autres par des catastrophes, suffisaient pour
rendre compte des changements de spectacle que la
nature vivante a présentés.

En 1849, d'Orbigny portait déjà leur nombre à vingt-
sept. Mais, dans l'état nouveau de nos connaissances, il
faudrait invoquer plusieurs centaines de ces créations et
le problème de l'origine des espèces ne serait pas davantage résolu, parce que ses créations incessantes n'expli-
queraient nullement :

(1) HAECKEL : *L'origine de l'homme.* Schleicher frères, édit.;
p. 67.

pourquoi des types de transition existent entre des classes déterminées ; pourquoi, par exemple, les Poissons notocordaux sont antérieurs aux Poissons osseux, les Batraciens aux Reptiles, les Oiseaux, à caractères reptiliens, aux Oiseaux véritables, les Mammifères didelphes aux Mammifères placentaires ;

pourquoi, dans l'histoire de chaque classe, on trouve, d'abord, des formes confuses, synthétiques, et pourquoi les formes différenciées, parmi lesquelles les plus spéciales sont les plus récentes, n'apparaissent que postérieurement et successivement ;

pourquoi des types intermédiaires existent dans tous les gisements ;

pourquoi les plus anciens êtres humains ont des caractères d'anthropoïdes ;

pourquoi des analogies subsistent, entre des espèces éteintes, sans représentants actuels, et des espèces encore vivantes ;

enfin, pourquoi la loi, générale et rigoureuse, qui gouverne aujourd'hui les origines de la vie, *omne vivum ex vivo*, et par suite de laquelle tout être vivant provient d'un autre être vivant, semblable à lui, n'aurait exercé son empire que par intermittence.

Concluons donc avec Edmond Perrier :

« Deux faits incontestables, et d'ailleurs incontestés, dominent toute la discussion, et il n'est permis à personne de les oublier :

« 1° Les formes végétales et animales d'une période géologique ne sont nullement identiques à celles de la période suivante, bien qu'aucun cataclysme ne sépare ces périodes les unes des autres ;

« 2° Toute forme vivante est issue d'une forme vivante antérieure, à laquelle elle ressemble d'ordinaire presque exactement, bien qu'elle en puisse différer dans une certaine mesure.

« Les faits constatés, sans qu'on puisse citer une déro-
gation quelconque à cette règle, sans que rien puisse
autoriser à croire qu'à un moment quelconque de la
durée des temps paléontologiques une exception se soit
produite, les faits constatés s'opposent à ce que l'on
puisse admettre un seul instant, sans faire une hypothèse
gratuite, que la chaine des générations ait été interrom-
pue, que les formes de végétaux et d'animaux de la période actuelle ne dérivent pas, en conséquence, de ceux
des périodes antérieures ; or, comme ces animaux ne se
ressemblent pas, la variabilité des espèces est par cela
même scientifiquement démontrée, sans que rien puisse
être opposé à cette conclusion, à moins que l'on n'entre
dans le domaine des hypothèses.

« Il y a plus. Quand on suit attentivement la série des
formes analogues, qui se succèdent pendant la durée de
longues périodes paléontologiques, et jusqu'à la période
actuelle, on constate que les différences qui existent
entre ces formes ne dépassent nullement les limites de
celles qu'on observe aujourd'hui entre les races d'une
même espèce.

« C'est, en particulier, ce qui résulte invinciblement
des belles recherches de M. Albert Gaudry et de M. Filhel,
sur les mammifères tertiaires. *Les faits constatés* n'auto-
risent donc pas à admettre dans la science une autre
doctrine que celle du transformisme, que celle de
Lamarck » (1).

A vrai dire, ces notions scientifiques doivent, désormais, faire partie des connaissances élémentaires de tout
homme éclairé ; elles sont indispensables pour apprécier
sainement la nature humaine ; et, comme le dit Haeckel,
pour familiariser l'esprit avec l'infini de la durée, de

(1) *Lamarck et le transformisme actuel,* in *le Centena. . . de la
fondation du Museum d'Histoire naturelle :* 1893 ; p. 516.

même que la contemplation du ciel étoilé le familiarise avec l'infini de l'espace. On ne saurait donc trop féliciter le gouvernement de la République française d'avoir reconnu leur valeur éducative générale, en introduisant leur enseignement, dans les programmes de l'instruction secondaire, sous forme de conférences de Paléontologie.

Confirmation des théories de Lamarck par l'embryologie.

Les théories de Lamarck, concernant l'évolution des êtres organisés, n'ont pas été seulement confirmées par les faits paléontologiques : elles trouvent encore un point d'appui solide, dans les faits embryologiques.

Rapprochant ces deux ordres de faits et frappés par le parallélisme existant entre le développement embryologique et le développement paléontologique, quelques savants se sont même crus autorisés à conclure que, dans chaque espèce, l'évolution embryonnaire de l'individu n'est que la répétition rapide et raccourcie de l'évolution paléontologique de tout le rameau dont son espèce est la terminaison.

C'est d'après ces données qu'Haeckel a formulé ce qu'il a nommé *la loi fondamentale biogénétique.*

« L'ontologie, dit-il, ou l'histoire du développement de l'individu, est simplement une récapitulation courte, rapide, conforme aux lois de l'hérédité et de l'adaptation, de la *phylogénie*, c'est-à-dire de l'évolution paléontologique de toute la tribu organique ou *phylum* à laquelle appartient l'individu considéré ».

Faisant application de cette loi générale au cas particulier de l'homme, Haeckel a soutenu que les diverses phases de son évolution intra-utérine correspondent à vingt-deux stades paléontologiques, consécutifs, qu'il s'est efforcé de préciser.

Les documents paléontologiques n'ont pas, jusqu'ici, fourni toutes les preuves rigoureuses qu'une théorie aussi formelle exigerait ; mais il est indéniable que chaque individu, dans son évolution propre, repasse, graduellement, par les principaux degrés de la série animale, placés au-dessous de celui qu'il doit atteindre.

Les Invertébrés et les Vertébrés ne se distinguent pas, les uns des autres, durant la première phase de l'évolution intra-ovulaire, et l'embryon des Vertébrés, selon les remarques d'Haeckel, se présente : d'abord, sous la forme d'une simple cellule ; puis, comme un amas cellulaire, provenant de la segmentation de la cellule primitive ; ensuite, comme un sac, à ouverture unique, essentiellement constitué par un feuillet externe, ou épidermique, et un feuillet interne ou intestinal, invaginé ; plus tard, comme un tube à deux ouvertures, semblable aux Vers ; enfin, comme un de ces Vertébrés acrâniens, dont l'Amphioxus, qui n'a qu'un squelette rudimentaire, constitué par une corde dorsale, est le dernier représentant vivant.

A ce moment, nul ne peut dire, avec certitude, si cet embryon de vertébré deviendra poisson, reptile, oiseau ou mammifère, et le créateur de l'embryologie, de Baer, traduisait la perplexité dans laquelle les savants se trouvent, à cet égard, en disant que s'il omettait d' « étiqueter » les bocaux, dans lesquels il renfermait les très jeunes embryons de Vertébrés qu'il recevait, il ne pouvait ensuite distinguer la classe à laquelle chacun d'eux appartenait.

« Les embryons de l'homme, du chien, de la tortue, et l'embryon du poulet, au quatrième jour de l'incubation, diffèrent si peu l'un de l'autre, qu'on ne saurait les distinguer : c'est seulement au bout de six ou huit semaines, pour les trois premiers, au bout de sept jours, pour le dernier, que les traits distinctifs apparaissent et s'accentuent, à mesure que l'animal se développe » (1).

Cette succession d'états transitoires, images fugitives de constitutions demeurées permanentes pour les êtres inférieurs des temps paléontologiques ou présents, ne s'observe pas seulement dans la morphologie et l'organisation générale de l'embryon des Invertébrés supérieurs et des Vertébrés; la formation de chacun des organes de cet embryon, qui évoluent tous, aussi, tandis qu'il se développe, est subordonnée à la même loi naturelle.

Par exemple, chez l'homme, le tube digestif ne présente d'abord aucune démarcation; l'estomac et le gros intestin ne se différencient du canal intestinal qu'ultérieurement. Les cavités buccale et nasale sont confondues. Le foie débute par des tubes cylindriques qui rappellent le foie des insectes.

Les reins sont primitivement réduits à un uretère; puis cet organe rudimentaire se complique de tubes rectilignes, pourvus d'un glomérule, comme chez les Poissons cyclostomes et le rein se divise en lobes, comme chez les Reptiles et les Oiseaux. Ce sont ces lobes qui se fusionnent pour former le rein humain.

L'appareil respiratoire prend naissance, sous forme de bourgeons de la cavité pharyngienne, comme celui des Poissons; puis il consiste, momentanément, en poches peu ramifiées, analogues aux poumons des Reptiles.

Les organes sexuels n'ont, originellement, qu'une forme indifférente, et, même après avoir évolué nettement vers leur destination définitive, les organes mâles restent longtemps inclus dans l'abdomen, comme ceux des Oiseaux, tandis que l'utérus du sexe féminin traverse une phase d'utérus à cornes, qui l'assimile aux oviductes des animaux ovipares.

(1) Mathias Duval : *Le Darwinisme* ; p. 48.

Le cœur n'est, d'abord, qu'un *punctum saliens* qui rappelle l'appareil circulatoire des Vers ; puis il présente les deux dilations qui persistent chez les Mollusques ; enfin, avec le trou de Botal, il reste, jusqu'à la naissance et à la respiration aérienne, à l'état de cœur à trois cavités ; il reproduit ainsi le cœur des Reptiles, auxquels nous assimilent encore les arcs aortiques qui entrent primitivement dans la composition de notre appareil circulatoire périphérique.

Les mêmes analogies, avec les animaux inférieurs, se produisent, passagèrement, durant l'évolution embryonnaire, dans les appareils de la vie de relation.

Le système nerveux est, au début, réduit à la moelle épinière, formée par l'adossement de cordons distincts, comme chez les Invertébrés, et la moelle rachidienne descend très bas, dans la gouttière qui la renferme, comme chez les Poissons et les Oiseaux. L'encéphale apparait sous la forme des vésicules cérébrales qui restent stationnaires dans les Poissons. Le cerveau, lorsqu'il commence à se spécialiser, est dépourvu de circonvolutions ; celles-ci ne se dessinent que vers le milieu de la vie embryonnaire.

Enfin, l'apparition du système osseux est postérieure aux autres ; elle débute par une corde dorsale et la formation des vertèbres crâniennes, de même que celle des corps vertébraux, d'abord cartilagineux, est inaugurée par une dissociation des diverses parties de ces os, qui reproduit l'état squelettique des Vertébrés primaires.

Loin de contredire l'évolution paléontologique, l'embryologie tend donc à corroborer sa doctrine ; elle met en relief de nombreux traits de ressemblance entre les êtres supérieurs et récents et les êtres les plus inférieurs et les plus anciens, et, comme ces traits ne peuvent provenir que de l'hérédité, l'embryologie fortifie l'hypothèse de la filiation de tous les êtres organisés.

Confirmation des théories de Lamarck par l'anatomie comparée.

D'ailleurs, ce n'est pas seulement au début de leur vie que les animaux Invertébrés et Vertébrés passent par l'état cellulaire, réduction de l'organisation biologique à sa plus simple expression ; à vrai dire, ils ne sont jamais qu'une agrégation d'éléments anatomiques, microscopiques.

« Tout être vivant, quelque peu compliqué, n'est qu'une accumulation d'éléments dont chacun est exactement comparable, pour sa constitution, ses propriétés physiologiques, et souvent même les détails de sa forme, aux êtres vivants les plus simples que nous connaissons. Ces êtres vivants les plus simples forment la grande division des Protozoaires. Nous pouvons donc dire brièvement aujourd'hui ce que Lamarck ne pouvait deviner : Tout être vivant, d'organisation tant soit peu compliquée, n'est qu'une association de protozoaires » (1).

Or, les protozoaires sont des êtres aquatiques ; il en est de même de tous les éléments anatomiques des animaux supérieurs, qui sont soumis à la loi de constance du milieu des Océans primitifs, découverte par Quinton, soit que les animaux qu'ils constituent séjournent dans le milieu marin, soit qu'ils vivent dans l'eau douce ou dans l'air.

Ainsi se trouve confirmée la vue de Lamarck, relative à l'origine Océanique de la vie.

D'autre part, l'anatomie comparée a découvert, et découvre tous les jours, des liens nombreux qui rattachent les espèces, actuellement existantes, à des espèces éteintes, et qui rattachent celles-ci, les unes aux autres, au travers de l'immensité des temps géologiques. Grâce

(1) Perrier : *loco citato;* p. 495.

à elle, des enchaînements sont maintenant établis entre des animaux d'espèces différentes, de genre différent, de familles différentes, d'ordres différents (1), et des séries de formes qui se prolongent pendant plusieurs époques ont pu être reconstituées dans quelques ordres d'Invertébrés et de la classe des Mammifères, des Reptiles et des Poissons (2).

A défaut de ces formes, l'anatomie comparée peut invoquer *les organes rudimentaires,* ou plus exactement atrophiés, correspondant, dans certaines catégories d'animaux, à dès organes qui sont très fonctionnels chez d'autres.

Ces organes se remarquent dans tous les groupes du règne animal, chez les Spongiaires, les Échinodermes, les Mollusques, les Arthropodes, les Insectes, les Poissons, les Reptiles, les Oiseaux, les Cétacés, les Ruminants, les Solipèdes, les Carnassiers et l'Homme ; ils attestent un même type d'organisation dans les groupes auxquels appartiennent les animaux qui les présentent et ils sont absolument inexplicables, sans le secours de la théorie de la modificabilité (3).

A plus forte raison en est-il ainsi des *anomalies régressives* qui se traduisent par la réapparition fortuite, chez un individu, d'organes ou de rudiments d'organes, disparus dans les types normaux de son espèce, mais ayant fait partie de l'organisation d'espèces antérieures. Tels sont : les germes de dents dans la mâchoire de quelques jeunes oiseaux ; les stylets, ou doigts latéraux, que possèdent certains chevaux ; et, chez l'homme : la cloi-

(1) V. ALBERT GAUDRY : *Les enchaînements du monde animal dans les temps géologiques,* III ; résumé.

(2) CHARLES DÉPÉRET : *Les transformations du monde animal;* pp. 160 et suiv.

(3) V. WIEDERSHEIM : *La structure de l'homme, témoignage de son passé.*

son interstomacale qui sépare quelquefois le grand cul-de-sac du petit cul-de-sac de l'estomac ; la mobilité du pavillon auriculaire ; un appendice caudal ; et le *stermalis brutorum*, dont j'ai, personnellement, pu voir, en 1879, un spécimen, sur un sujet, au laboratoire de la Société d'Anthropologie de Paris, lorsque je suivais les cours si remarquables du professeur Broca, sur l'anatomie comparée de l'homme et des animaux supérieurs.

* *

En résumé, la philosophie paléontologique, la philosophie anatomique, convergent vers un même but : la démonstration de l'évolution des êtres organisés.

En présence de la multiplicité de ces faits concordants, cette hypothèse s'impose. Quelles que soient les difficultés, les lacunes et les énigmes que sa vérification présente encore, c'est la plus conforme à l'ensemble des renseignements obtenus ; il est de plus en plus irrationnel de la repousser. Tous les savants, dignes de ce nom, l'ont adoptée et ses adversaires ont perdu toute autorité. Ce n'est certainement pas dans les rangs des véritables philosophes positivistes que ces adversaires trouveront leur dernier refuge.

Tentatives d'explication de la modificabilité.
Supériorité des raisons invoquées par Lamarck.

Le fait et le principe de la modificabilité des espèces étant mis hors de contestation, la science se trouve en face d'un nouveau problème.

Quelles sont les causes déterminantes de ce phénomène ?

Cet autre aspect de la question n'a pas échappé à la perspicacité de Lamarck ; il l'a, le premier, scientifiquement envisagé.

Considérant l'organisme comme actif dans son évolution, il émit l'hypothèse que les changements de milieu et de circonstances provoquent de nouveaux besoins physiologiques, de nouvelles habitudes, et que, par suite des efforts continus que ces changements suscitent, les organes subissent des modifications que l'hérédité fixe, de telle manière que, progressivement, l'organisme se transforme pour s'adapter aux nouvelles conditions d'existence qui lui sont imposées.

J'ai, plus haut, exposé sa thèse, à ce sujet; je me borne, en conséquence, à la rappeler ici.

« Ce ne sont pas les organes, dit-il, c'est-à-dire la nature et la forme des parties du corps d'un animal qui ont donné lieu à ses habitudes et à ses facultés particulières ; mais ce sont, au contraire, ses habitudes, sa manière de vivre et les circonstances dans lesquelles se sont rencontrés les individus dont il provient, qui ont, avec le temps, constitué la forme de son corps, le nombre et l'état de ses organes, enfin les facultés dont il jouit » (1).

Isidore Geoffroy Saint-Hilaire considérait, au contraire, l'organisme comme passivement soumis à l'action du milieu ambiant.

Darwin enfin a soutenu que la lutte perpétuelle, pour l'existence et pour la reproduction, à laquelle les animaux se livrent, a pour résultats une sélection qui aboutit à la survivance des mieux organisés et à la conservation des formes qui sont le plus en harmonie avec les conditions du milieu.

Mais les influences, signalées par Darwin, si réelles qu'elles soient, ne s'exercent que dans des limites très circonscrites ; elles contribuent à l'intelligence des variétés qui se produisent dans des espèces déjà formées ; elles ne rendent pas compte de l'origine des formes nouvelles. « La survivance du plus apte, comme dit Cope, n'est pas l'origine du plus apte ».

____

(1) *Philosophie zoologique,* I; p. 237.

D'autre part, les raisons de Darwin n'expliquent pas davantage l'extinction de certaines espèces, merveilleusement douées au point de vue de la concurrence vitale, et, de plus, très disséminées. Or, la paléontologie nous apprend qu'à diverses époques géologiques, et dans des classes très différentes, des espèces de ce genre ont précisément disparu brusquement, et cédé la place à des espèces chétives : tel est le cas des Trilobites, à la fin des temps Primaires ; des Ammonites et des Dinosauriens, à la fin des temps Secondaires ; des Mammifères colossaux de la fin de l'époque Tertiaire et du début du Quaternaire.

Il semble donc que la concurrence vitale n'a jamais eu qu'une efficacité modificatrice secondaire et restreinte.

L'influence des milieux est, au contraire, générale et permanente, et la nature, l'industrie humaine nous rendent, chaque jour, témoins des effets que leurs variations produisent sur les plantes et sur les animaux.

Les plantes d'une même espèce sont très différentes, selon qu'elles vivent dans un sol humide ou sec, dans les régions tempérées ou équatoriales, dans les plaines ou sur les altitudes. Il en est de même des animaux.

La vie s'éteint sous les pôles ; elle jaillit de toutes parts, avec une irrésistible intensité, sous les tropiques.

Or, nous sommes assurés que les milieux ont maintes fois changé, dans le cours des âges géologiques.

La composition et la température de l'atmosphère, celles des Océans se sont modifiées.

La terre fut, d'abord, tout entière recouverte par les eaux et le climat tropical était universel, puisqu'on retrouve, sous les pôles, des fossiles appartenant à des espèces qui ne vivent plus que dans des régions chaudes.

En outre, il n'y a que des restes fossiles d'animaux aquatiques dans les terrains Cambrien, Silurien et Devonien.

La flore et la faune continentales n'apparaissent qu'à l'époque Permo-carbonifère, où les végétaux commencent à purger l'atmosphère saturée d'acide carbonique et d'humidité.

La période secondaire est caractérisée par une stabilité relative, révélée par l'absence de roches volcaniques ; mais il n'en est pas de même de l'époque tertiaire où, plus particulièrement, l'émersion des grandes chaînes de montagnes, des îles et des continents, a créé des bassins maritimes et des compartiments terrestres divers, dans lesquels les êtres vivants ont été soumis à des régimes spéciaux.

C'est pendant cette dernière époque encore que les saisons se sont diversifiées et que les graminées ont couvert le sol de prairies luxuriantes et de steppes immenses. Cette circonstance sans doute a favorisé le développement des Mammifères herbivores, qui a lui-même précédé celui des Carnassiers de la même classe.

Enfin l'ère glaciaire, pendant les temps Quaternaires, fut contemporaine de grands Mammifères, parfaitement adaptés à sa nature, et qui ne lui ont pas survécu.

Pour toutes ces raisons, les naturalistes inclinent à considérer, comme prépondérantes, les raisons invoquées par Lamarck pour justifier la mutabilité des espèces.

Néanmoins, il convient de maintenir une distinction entre le fait même de l'évolution des êtres organisés et l'explication de ce fait.

Le fait repose sur une multiplicité d'observations convergentes qui, toutes, fortifient la doctrine de la modificabilité. Les causes génératrices de ce fait restent obscures et problématiques jusqu'ici ; mais cette situation ne peut nullement ébranler l'autorité que les faits eux-mêmes ont acquise.

V

Conclusion.

En résumé :

Lamarck a conçu la biologie générale et créé sa dénomination ;

Il a produit d'énormes travaux d'histoire naturelle, en botanique et en zoologie ;

Il a, le premier, introduit l'ordre dans la multitude, jusque-là chaotique, des Invertébrés ;

Il a jeté les bases de la théorie des classifications ;

Il a, le premier, entrepris, d'une manière vraiment scientifique, la construction de la série animale ;

Il est le promoteur de la physiologie générale ; il a fortement consolidé ce principe philosophique « qu'il n'y a pas de fonction sans organe » ; il a généralisé la loi de l'exercice et du perfectionnement ; il a mis en relief l'importance universelle des lois de l'hérédité ;

Enfin, il est le fondateur de la théorie des milieux, de la théorie de la modificabilité, et, le premier, il a tenté d'arracher aux ténèbres du passé le secret des origines et de l'évolution des êtres vivants.

Sous ce dernier aspect, l'œuvre de Lamarck défie maintenant tous les assauts de la critique.

Edmond Perrier, qui a repris, une à une, toutes les propositions essentielles que cette œuvre renferme, et consciencieusement cherché ce que la science moderne doit penser d'elles, a montré que, le plus souvent, « la théorie positive n'a fait que mettre des faits observés à la place où Lamarck avait mis des suppositions ; elle s'est bornée à remplacer, dans l'édifice demeuré debout, une pierre altérée par une autre, d'apparence plus solide » (1).

« Rien de semblable n'avait jamais été tenté, dit le même savant. Personne, soit par respect des textes hébraïques, soit par un sentiment exagéré de l'impuissance de l'homme, n'avait osé demander à la seule science l'explication de la vie, l'explication de la naissance des êtres vivants, celle de leurs transformations, affirmées pour la première fois, avec cette énergie, par un homme vraiment familier avec toutes les productions naturelles; on peut dire qu'au temps où vivait Lamarck, avec les faits dont il disposait, il était difficile d'aller au-delà du terme qu'il atteignit du premier coup. Sa théorie avait d'ailleurs une portée bien plus grande que celles qui ont été proposées depuis et notamment que la fameuse théorie de Darwin. Lamarck, en effet, ne laisse derrière lui aucun *postulatum*; il essaye d'abord d'expliquer l'origine des êtres vivants que d'autres supposeront tout créés, avec des formes seulement différentes de celles qui florissent aujourd'hui; il recherche ensuite comment les formes simples, spontanément engendrées, se sont graduellement compliquées, perfectionnées, adaptées aux circonstances dans lesquelles elles vivent, de manière à constituer ces formes qui se transmettent longtemps, sans altération sensible, et qu'on nomme les *espèces*. Ces espèces, pour lui, ne sont que des abstractions; l'hérédité suffit pour expliquer leur permanence, et Lamarck, cherchant surtout à relier les espèces actuelles aux espèces fossiles, n'a pas trop à se préoccuper des hiatus qui existent actuellement entre elles » (2).

En outre, les conceptions de Lamarck sont douées d'une inépuisable fécondité; toutes les études de philo-

(1) *Lamarck et le transformisme actuel,* in *le Centenaire du Muséum* ; p. 498.

(2) *Ibid.;* p. 490.

sophie biologique et même sociologique, sont maintenant inspirées par elles.

Bref, Lamarck joue, en biologie, le rôle qu'ont joué Descartes en philosophie générale, Newton en mathématiques et en mécanique céleste, Lavoisier en chimie, Auguste Comte en sociologie ; il a dévoilé de nouveaux horizons aux yeux de l'Humanité ; il a livré de nouveaux domaines à ses investigations ; il mérite d'être glorifié comme l'un des rénovateurs de la pensée et des méthodes scientifiques.

TABLE DES MATIÈRES

Pages.

La vie de Lamarck 3
La philosophie générale de Lamarck 18
Appréciation des principaux travaux de Lamarck. 24

   I. TRAVAUX COSMOLOGIQUES 24
  II. TRAVAUX BIOLOGIQUES 29

    Biologie générale 29
    Anatomie générale. — Anatomie descriptive. —
      Histoire naturelle 35
    Biotaxie 37
    Physiologie générale 41
    Physiologie spéciale du système nerveux péri-
      phérique et du système nerveux central . . . 43
    Théorie des milieux et de la modificabilité. —
      Généalogie des animaux et de l'homme . . . 47

**Appréciation des théories philosophiques de
Lamarck** 59

    Confirmation des théories de Lamarck par les
    faits paléontologiques 64
    Confirmation des théories de Lamarck par l'em-
    bryologie 73
    Confirmation des théories de Lamarck par l'ana-
    tomie comparée 77
    Tentatives d'explication de la modificabilité. —
    Supériorité des raisons invoquées par Lamarck. 79

Conclusion 83

CHATEAUDUN

IMPRIMERIE DE LA SOCIÉTÉ TYPOGRAPHIQUE
3, rue de Blois